官方兽医培训系列教材
动物检疫操作图解手册

反刍动物检疫操作

图解手册

中国动物疫病预防控制中心 ◎ 组编

中国农业出版社
北京

图书在版编目（CIP）数据

反刍动物检疫操作图解手册/中国动物疫病预防控制
中心组编．—北京：中国农业出版社，2021.12
（动物检疫操作图解手册）
ISBN 978-7-109-28963-5

Ⅰ.①反…　Ⅱ.①中…　Ⅲ.①反刍动物–动物检疫–
图解　Ⅳ.①S851.34-64

中国版本图书馆CIP数据核字（2021）第256758号

中国农业出版社出版

地址：北京市朝阳区麦子店街18号楼
邮编：100125
策划编辑：周晓艳　王森鹤
责任编辑：王森鹤
版式设计：杨　婧　责任校对：吴丽婷　责任印制：王　宏
印刷：北京通州皇家印刷厂
版次：2021年12月第1版
印次：2021年12月北京第1次印刷
发行：新华书店北京发行所
开本：700mm×1000mm　1/16
印张：6
字数：100千字
定价：60.00元

丛书编委会

主　　任：陈伟生　张　弘

副主任：徐　一　柳焜耀

委　　员：王志刚　李汉堡　蔺　东　张志远

　　　　　高胜普　李　扬　赵　婷　胡　澜

　　　　　杜彩妍　孙连富　曲道峰　姜艳芬

　　　　　罗开健　李　舫　杨泽晓　杜雅楠

本书编写人员

主　编：李　扬　骆双庆　李　琦

副主编：郭庆峰　张志远　王英华　姚　强

编　者（按姓氏笔画排序）：

马文涛　马亮亮　王英华　王继文

吕靖玉　刘大程　杜彩妍　李　扬

李　琦　张凤华　张志远　邵启文

孟　伟　赵雨晨　胡　澜　柳松柏

姚　强　骆双庆　贾广敏　徐　一

郭庆峰　梁　旭　虞　鹃　蔺　东

前 言

　　动物的健康和动物产品的质量安全关系到人体健康和公共卫生安全，也关系到经济发展和社会稳定。动物和动物产品的检疫是保障动物产品质量安全和防止疫病传播的重要手段，开展有效的动物和动物产品检疫，需要官方兽医具备良好的疫病诊断等专业知识和实践能力。然而，长期以来，我国官方兽医的文化程度和专业水平参差不齐，肉品质量安全隐患长期存在，问题时有发生。

　　为进一步规范官方兽医检疫行为，提高动物产品的质量安全水平，中国动物疫病预防控制中心组织有关单位和专家，编写了《反刍动物检疫操作图解手册》等系列丛书。本书依据现行《中华人民共和国动物防疫法》《动物检疫管理办法》《反刍动物产地检疫规程》《畜禽屠宰卫生检疫规范》（NY 467—2001）编写，适用范围为反刍动物（含人工饲养的同种野生动物），省内调运的种用、乳用反刍动物，检疫范围为牛、羊、鹿、骆驼。《农业农村部关于进一步强化动物检疫工作的通知》（农牧发〔2020〕22号）规定，羊驼的产地检疫，依照《反刍动物产地检疫规程》执行，检疫对象暂定为口蹄疫、布鲁氏菌病、结核病、炭疽、小反刍兽疫；同时骆驼、梅花鹿、马鹿、羊驼的屠宰检疫，依照《畜禽屠宰卫生检疫规范》（NY 467—2001）执行。本书重点介绍牛、羊、鹿、骆驼的产地检疫和牛、羊的屠宰检疫。

本书采用图文并茂的方式，系统地介绍了检疫流程、检疫方法，详细介绍了牛、羊、鹿、骆驼等反刍动物的法定检疫对象、临床症状和病理变化，并配以大量病例图片，实用性和可操作性强，可供从事反刍动物检疫的官方兽医、屠宰行业兽医卫生检验人员和管理人员参考学习，也可供兽医公共卫生有关科研教育人员参考使用。

由于编写时间仓促，书中难免有不妥和疏漏之处，恳请广大读者批评指正。

编　者

2021年10月

C O N T E N T S

前言

第三章　检疫对象及检查内容

第四章　实验室检测

第一章　检疫流程

　　本章梳理了反刍动物产地检疫和屠宰检疫的检疫程序，以流程图的方式展示了反刍动物的产地检疫流程、屠宰检疫流程。有关内容的呈现，有助于官方兽医明晰检疫过程，同时便于广大读者直观理解反刍动物产地检疫和屠宰检疫的程序。

第一节　反刍动物产地检疫流程

　　反刍动物产地检疫流程见图1-1。

第二节　反刍动物屠宰检疫流程

一、牛屠宰检疫流程

（一）牛入场和宰前检查流程

牛入场和宰前检查流程见图1-2。

（二）牛屠宰同步检疫流程

牛屠宰同步检疫流程见图1-3。

二、羊屠宰检疫流程

（一）羊入场和宰前检查流程

羊入场和宰前检查流程见图1-4。

（二）羊屠宰同步检疫流程

羊屠宰同步检疫流程见图1-5。

三、鹿屠宰检疫流程

（一）鹿入场和宰前检查流程

鹿入场和宰前检查流程见图1-6。

（二）鹿屠宰同步检疫流程

鹿屠宰同步检疫流程见图1-7。

四、骆驼屠宰检疫流程

（一）骆驼入场和宰前检查流程

骆驼入场和宰前检查流程见图1-8。

（二）骆驼屠宰同步检疫流程

骆驼屠宰同步检疫流程见图1-9。

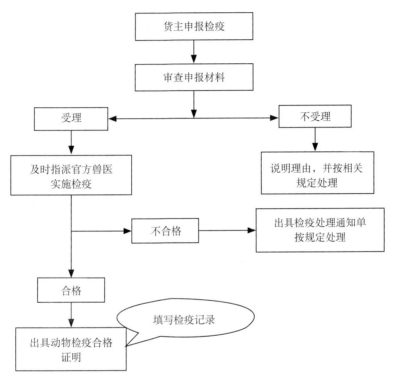

图1-1 反刍动物产地检疫流程图

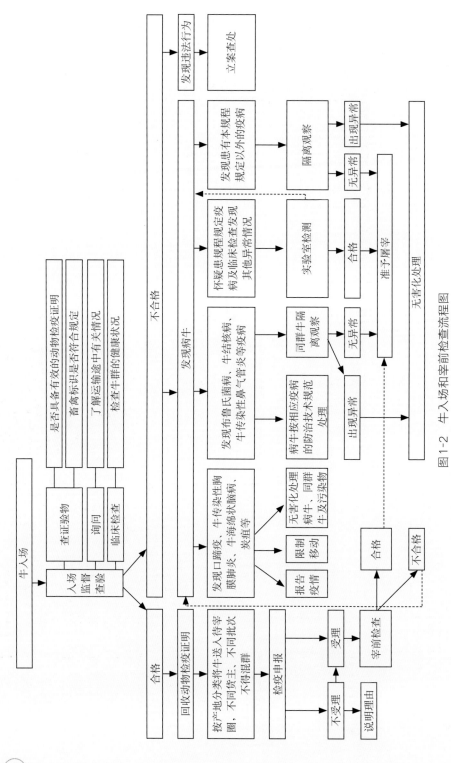

图1-2 牛入场和宰前检查流程图

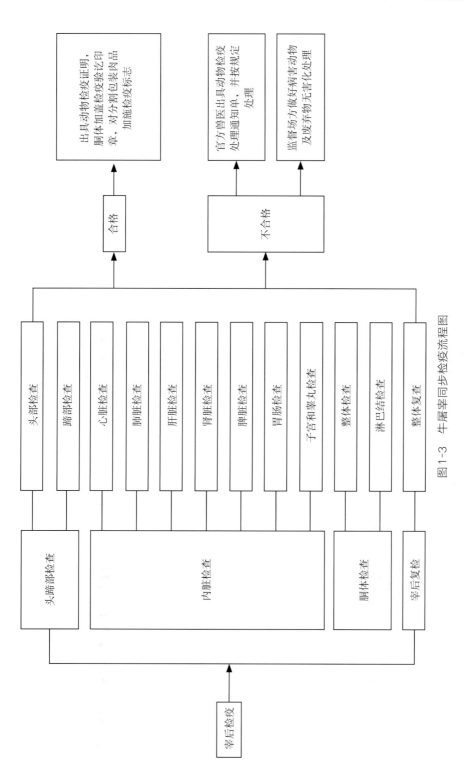

图1-3 牛屠宰同步检疫流程图

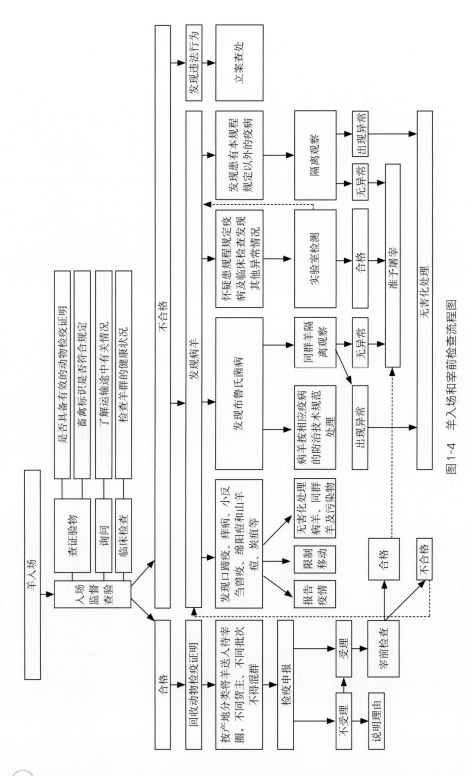

图1-4 羊入场和宰前检查流程图

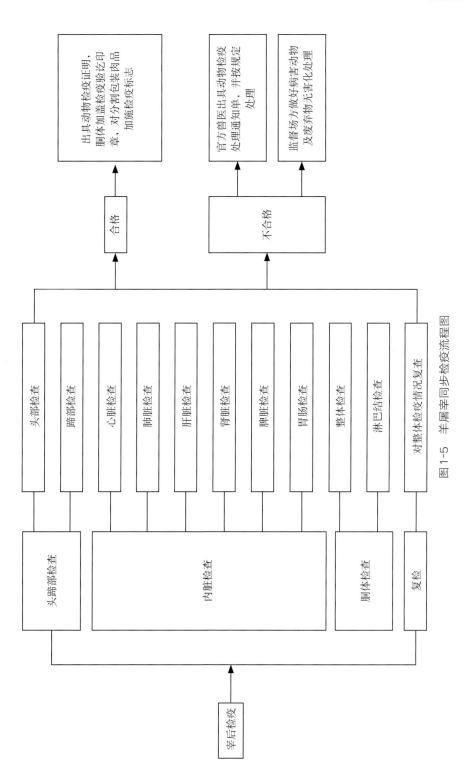

图 1-5 羊屠宰同步检疫流程图

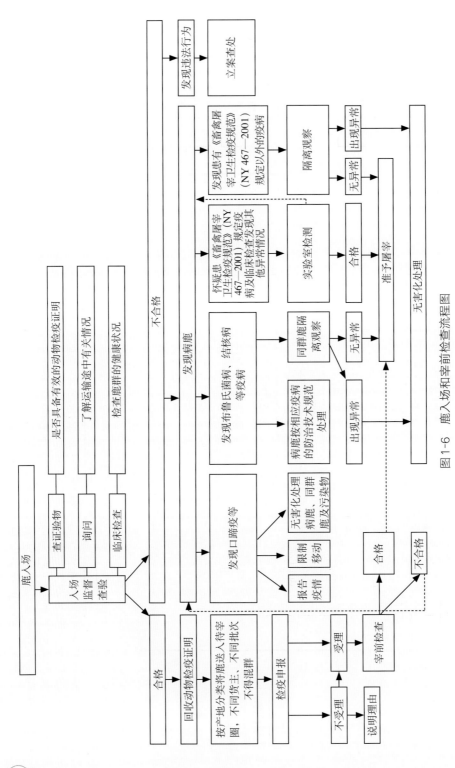

图 1-6 鹿入场和宰前检查流程图

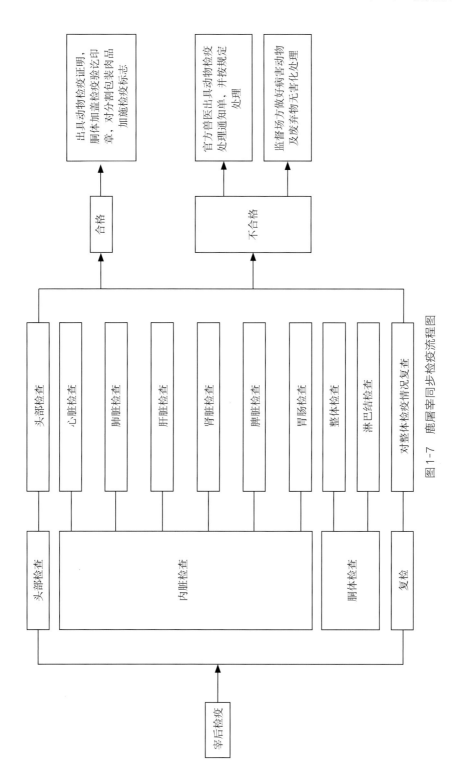

图1-7 鹿屠宰同步检疫流程图

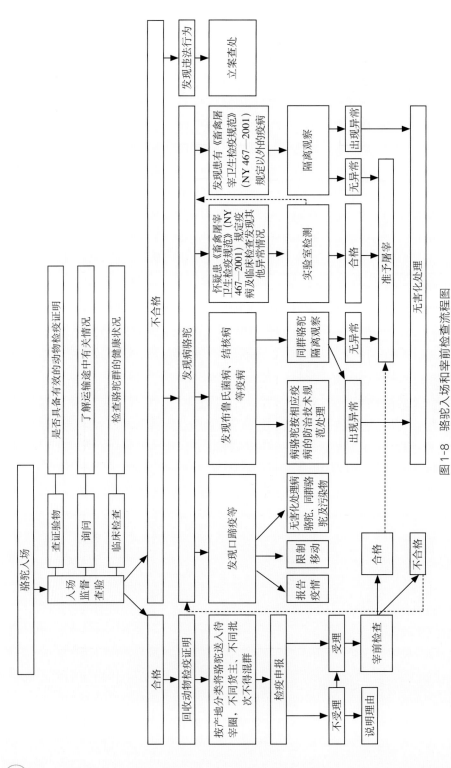

图1-8 骆驼入场和宰前检查流程图

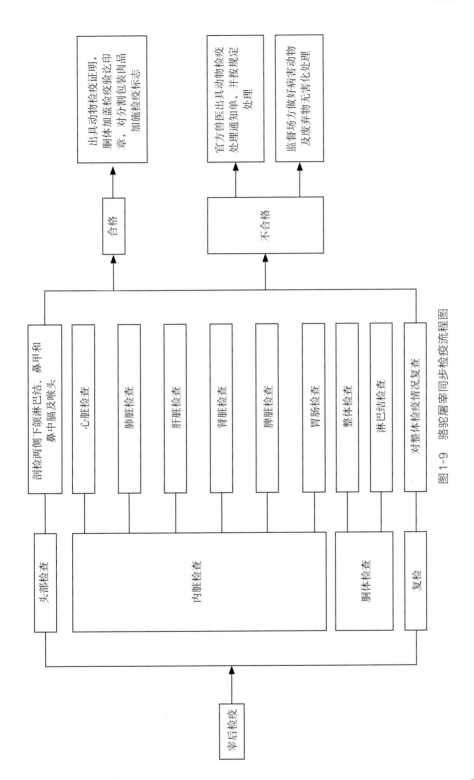

图1-9 骆驼屠宰同步检疫流程图

第二章 检疫方法

　　本章梳理了查验资料、临床检查和宰后检验检疫等检疫方法。查验资料是对产地检疫、屠宰检疫和跨省调运种牛、奶牛、种羊、奶山羊及其精液和胚胎，以及产地检疫提交的申报资料或现场提供的资料进行检查、验证和复查，不同情形检疫规程查验资料有所不同（图2-1、图2-2）。临床检查方法

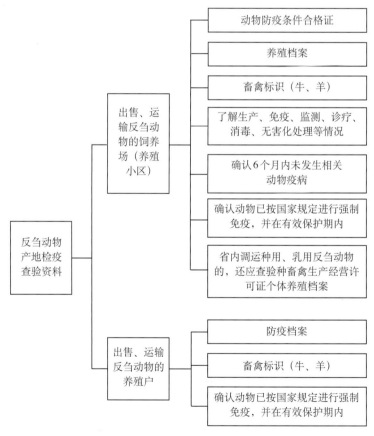

图2-1　反刍动物产地检疫查验资料思维导图

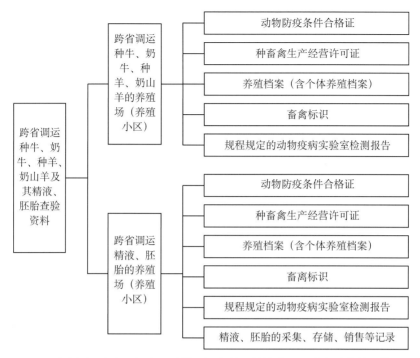

图2-2 跨省调运种牛、奶牛、种羊、奶山羊及其精液、胚胎查验资料思维导图

适用于产地检疫和屠宰检疫的宰前检查环节。宰后检验检疫方法适用于屠宰后对牛、羊的头蹄、胴体、内脏和副产品进行同步检疫时的疫病检查。

第一节　查验资料

一、查验相关证明

相关证明

1.动物防疫条件合格证　主要查验单位名称、法人、单位地址、经营范围等是否与实际一致，是否存在转让、伪造、变造等情况。

2.种畜禽生产经营许可证　主要查验单位名称、单位地址、法人、生产范围、经营范围是否与实际一致，证件是否在有效期内，是否存在伪造、变造、转让、租借等情况。

3.动物检疫证明　主要查验是否使用国家统一的检疫证明，是否可以在"中国兽医"网的"动物检疫合格电子出证平台公众查询服务系统"中查询到，填写内容与实际是否相符，是否加盖检疫专用章、跨省调运的是否经过指定通道等。

二、查验养殖档案和畜禽标识

1.养殖档案　主要查看反刍动物饲养场的生产记录、饲料、饲料添加剂和兽药使用记录、消毒记录、免疫记录、诊疗记录、防疫监测记录、无害化处理记录等，通过养殖档案查看饲养场最近6个月的疫病发生情况、强制免疫是否在有效期内等。

养殖档案

2.防疫档案　检疫申报为散养户时，查看防疫档案。主要查看散养户的姓名、地址、畜禽种类、数量、免疫日期、疫苗名称、牛羊耳标号码、免疫人员以及用药记录等是否与实际相符。通过防疫档案主要判断是否进行强制免疫且强制免疫是否在有效期内。

3.个体养殖档案　进行种牛、奶牛、种羊、奶山羊产地检疫时，需要查看个体档案。主要核对耳标号、性别、出生日期、父系和母系品种类型、母本的耳标号等信息是否与受检动物相符，并核对种用、乳用动物调运记录是否完整。

4.查验精液、胚胎的采集、存储和销售等记录

（1）采集记录　主要查验采集供体品种、供体系谱、采集时间、采集地点、采集方法、采集数量、采集人员等要素。

（2）销售记录　主要查验销售供体品种、销售时间、客户名称、销售数量、客户地址、联系方式等要素。

（3）移植记录　主要查验移植供体品种、移植受体品种、移植时间、移植数量、移植方法、移植人员等要素。

5.畜禽标识　产地检疫主要查验牛、羊耳标的加施时间、加施部位、耳标编码等情况，核对与牛、羊养殖档案中耳标的记录情况是否相符，核对申报检疫牛、羊的耳标号码与实际佩戴耳标号码是否相符。屠宰检疫主要查验牛、羊是否佩戴耳标，并核对与动物检疫证明中的耳标号码是否相符（图2-3、图2-4）。

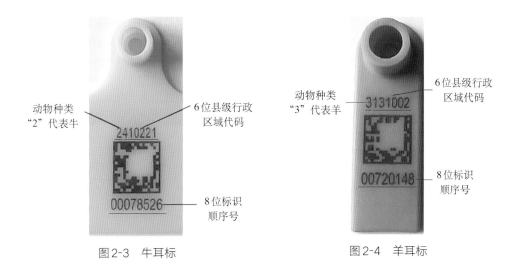

动物种类
"2"代表牛

6位县级行政
区域代码

8位标识
顺序号

图2-3　牛耳标

动物种类
"3"代表羊

6位县级行政
区域代码

8位标识
顺序号

图2-4　羊耳标

第二节　临床检查

一、群体检查

从静态、动态和食态等方面进行检查。主要检查动物群体精神状况、外貌、呼吸状态、运动状态、饮水饮食、反刍状态、排泄物状态等。

1. 静态检查　在反刍动物安静情况下，观察其精神状态、外貌、立卧姿势、呼吸、反刍状态等，注意有无咳嗽、气喘、呻吟等反常现象（图2-5至图2-8）。

图2-5　牛群静态观察

图2-6　羊群静态观察

图2-7　鹿群静态观察

图2-8　骆驼个体静态观察

　　2.动态检查　在反刍动物自然活动或被驱赶时，观察其起立姿势、行动姿势、精神状态和排泄姿势。注意有无行动困难、肢体麻痹、步态蹒跚、跛行、屈背弓腰、离群掉队及运动后咳嗽或呼吸异常现象，并注意排泄物的性状、颜色等（图2-9、图2-10和图2-11）。

图2-9　牛群动态观察

图2-10　羊群动态观察

图2-11　鹿群动态观察

3.食态检查　检查饮食、咀嚼、吞咽时的反应状态。注意有无不食不饮、少食少饮、异常采食，以及吞咽困难、呕吐、流涎、退槽等现象（图2-12、图2-13和图2-14）。

图2-12　牛群饮水状态观察

图2-13　鹿群食态观察

图2-14　骆驼食态观察

二、个体检查

个体检查的方法有视诊、触诊和听诊等。主要检查动物个体精神状况、体温、呼吸、皮肤、被毛、可视黏膜、胸廓、腹部及体表淋巴结、排泄动作及排泄物性状等。

1.视诊　检查精神状况、外貌、运动状态、反应，以及皮肤、被毛、呼吸、可视黏膜、天然孔、鼻镜、粪尿等（图2-15至图2-24）。

图2-15　牛精神外貌、被毛皮肤观察

图2-16　牛睡卧状态观察

图2-17　牛运动姿势观察（明显跛行）

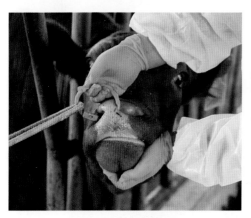

图2-18　牛鼻唇镜观察

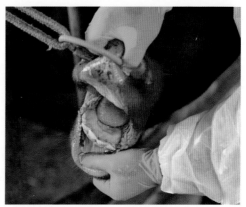

图2-19　牛口腔观察

图2-20　牛眼结膜检查（眼结膜充血）

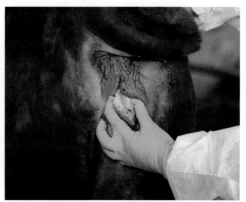

图2-21　牛阴道黏膜检查

图 2-22　羊外貌、被毛和皮肤观查

图 2-23　鹿皮肤、被毛、运动状态观查

图 2-24　骆驼皮肤、被毛、精神状态等观察

　　2.触诊　检查皮肤（耳根）温度、弹性、胸廓、腹部敏感性、体表淋巴结的大小、形状、硬度、活动性、敏感性等，必要时进行直肠检查（图 2-25 至图 2-29）。

图 2-25　牛体表检查

图 2-26　牛肩前淋巴结检查

图 2-27　牛下颌淋巴结检查

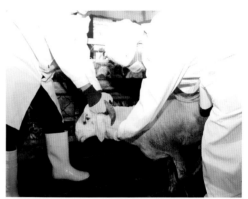

图 2-28　触诊羊下颌皮肤

3.叩诊　叩诊心、肺、胃、肠、肝区的音响、位置和界限，判断器官边界的病变情况。

4.听诊　听诊心音、肺泡气管呼吸音、胃肠蠕动音等，注意有无心律不齐、肺脏啰音、咳嗽等异常声音（图2-30至图2-35）。

图 2-29　骆驼触诊

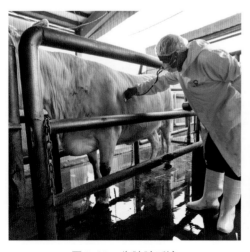

图 2-30　牛肺脏听诊

图 2-31　牛心脏听诊

图 2-32 牛胃肠听诊

图 2-33 羊胃肠蠕动音听诊

图 2-34 鹿内脏听诊

图 2-35 骆驼听诊

5.检查生理常数 检查体温（图2-36至图2-39）、脉搏（图2-40）、呼吸（表2-1）。

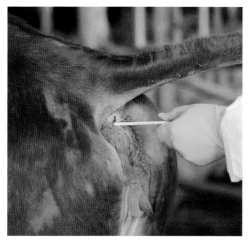

图 2-36 测量牛直肠温度

图 2-37 测量羊直肠温度

图2-38 测量鹿体温

图2-39 测量骆驼体温

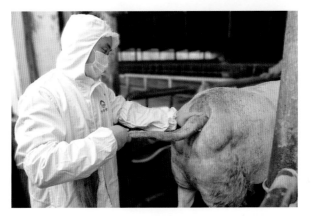

图2-40 牛尾动脉测定脉搏

表2-1 反刍动物生理常数

种 类	体温（℃）	脉搏（次/分）	呼吸（次/分）
牛	37.5 ~ 39.5	40 ~ 80	10 ~ 25
羊	38.0 ~ 40.0	60 ~ 80	12 ~ 30
鹿	38.0 ~ 39.0	36 ~ 78	15 ~ 25
骆驼	36.5 ~ 38.5	30 ~ 60	6 ~ 15

6.检查病理性产物　检查渗出物、漏出物、分泌物，以及病理性产物的颜色、质度、气味等（图2-41、图2-42）。

图2-41　牛粪便性状观察

图2-42　牛尿液性状观察

第三节　宰后检疫

一、宰后检疫方法概述

宰后检疫以感官检查为主，必要时进行实验室检测。

（一）感官检查

感官检查的方法主要有视检、触检、剖检和嗅检。

1.视检　肉眼观察胴体体表、肌肉、脂肪、胸腹膜、骨骼、关节、天然孔、淋巴结及内脏器官的色泽、大小、形态、组织状态等是否正常，有无充血、出血、水肿、脓肿、增生、结节、肿瘤等病理变化及寄生虫和其他异常。

2.触检　用手触摸或用检疫刀刀背、检验钩触压实质器官及其他被检组织器官，判定其弹性、组织状态和深部有无结节、肿块等。

3.剖检　用检疫刀剖开淋巴结、内脏、肌肉等组织，检查其内部或深层组织有无病理变化和寄生虫等。

4.嗅检　嗅闻组织器官或体腔有无异味。

（二）实验室检测

（1）对怀疑患有检疫规程规定疫病及临床检查发现其他异常情况的，按相应疫病防治技术规范进行实验室检测。

（2）实验室检测须由省级动物卫生监督机构指定的具有资质的实验室承担，并出具检测报告。

二、牛宰后同步检疫

牛宰后同步检疫是与屠宰操作相对应，对同一头牛的头、蹄、内脏、胴体等统一编号进行检疫。

（一）头蹄部检查

1. 头部检查 检查鼻唇镜、齿龈及舌面有无水疱、溃疡、烂斑等；剖检一侧咽后内侧淋巴结和两侧下颌淋巴结，同时检查咽喉黏膜和扁桃体有无病变（图2-43至图2-47）。

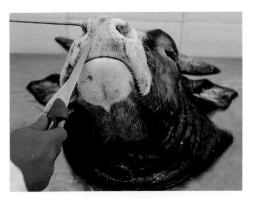

图2-43 牛鼻唇镜观察

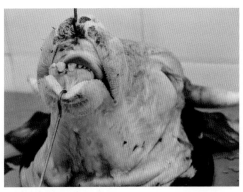

图2-44 牛齿龈及黏膜观察

图2-45 牛口腔及舌面观察

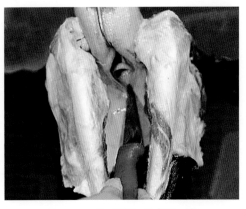

图2-46 牛舌根和咽喉部观察

2.蹄部检查　检查蹄冠、蹄叉皮肤有无水疱、溃疡、烂斑、结痂等，主要检查有无口蹄疫等引起的病理变化（图2-48、图2-49）。

图2-47　牛左咽背（后）内侧淋巴结检查

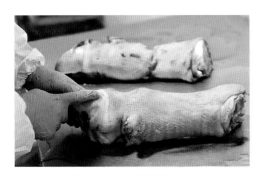

图2-48　牛蹄冠部观察

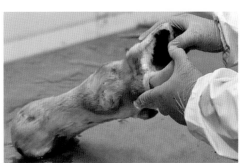

图2-49　牛蹄叉部观察

（二）内脏检查

取出内脏前，观察胸腔、腹腔有无积液、粘连、纤维素性渗出物。检查心脏、肺脏、肝脏、胃肠、脾脏、肾脏，剖检肠系膜淋巴结、支气管淋巴结、肝门淋巴结，检查有无病变和其他异常。

1.心脏检查　检查心脏的形状、大小、色泽及有无淤血、出血等。必要时剖开心包，检查心包膜、心包液和心肌有无异常（图2-50、图2-51）。

2.肺脏检查　检查两侧肺叶实质、色泽、形状、大小及有无淤血、

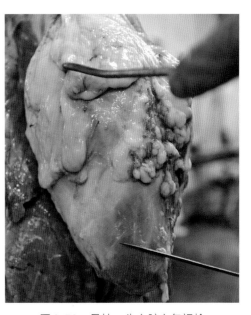

图2-50　吊挂：牛心脏心包视检

出血、水肿、化脓、实变、结节、粘连、寄生虫等（图2-52、图2-53）。剖检一侧支气管淋巴结，检查切面有无淤血、出血、水肿等（图2-54）。必要时剖开气管、结节部位（图2-55）。

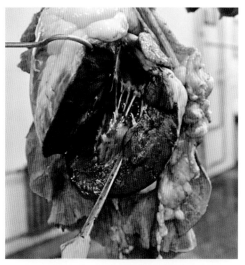

图2-51　吊挂：牛心脏检查

图2-52　牛肺脏壁面检查

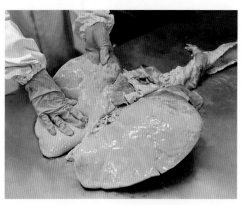

图2-53　牛肺脏脏面检查

图2-54　吊挂：牛支气管淋巴结检查

图2-55　牛气管剖检

3.肝脏检查　检查肝脏大小、色泽，触检其弹性和硬度（图2-56），剖开肝门淋巴结，检查有无出血、淤血、肿大、坏死灶等（图2-57）。必要时剖开肝实质、胆囊和胆管，检查有无硬化、萎缩、日本血吸虫等（图2-58）。

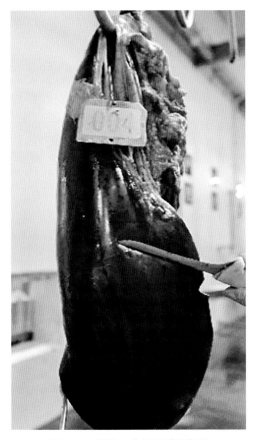

图2-56　吊挂：牛肝脏壁面检查

图2-57　吊挂：牛肝门淋巴结检查

图2-58　检验台：牛胆囊、胆管检查

4.肾脏检查　检查其弹性和硬度及有无出血、淤血等（图2-59）。必要时剖开肾实质，检查皮质、髓质和肾盂有无出血、肿大等（图2-60）。

5.脾脏检查　检查弹性、颜色、大小等（图2-61）。必要时剖检脾实质（图2-62）。

6.胃和肠检查　检查肠袢、肠浆膜，剖开肠系膜淋巴结，检查形状、色泽及有无肿胀、淤血、出血、粘连、结节等。必要时剖开胃肠，检查内容物、黏膜及有无出血、结节、寄生虫等（图2-63、图2-64）。

图2-59　吊挂：牛肾脏剖检

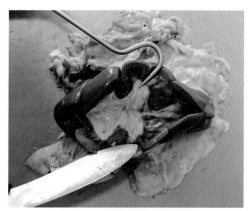

图2-60　检验台：牛肾脏剖检

图2-61　吊挂：牛脾脏壁面检查

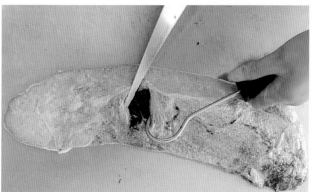

图2-62　剖检牛脾实质，观察脾髓

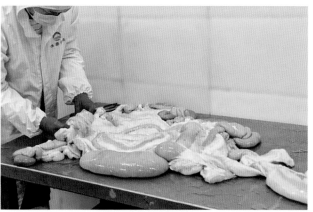

图2-63　检验台：牛肠系膜淋巴结检查

7.子宫和睾丸检查　检查母牛子宫浆膜有无出血、黏膜有无黄白色或干酪样结节。检查公牛睾丸有无肿大，睾丸、附睾有无化脓、坏死灶等（图2-65、图2-66）。

（三）胴体检查

1.整体检查　检查皮下组织、脂肪、肌肉、淋巴结以及胸腔、腹腔浆膜有无淤血、出血、疹块、脓肿和其他异常等（图2-67、图2-68）。

图2-64　牛网胃黏膜检查

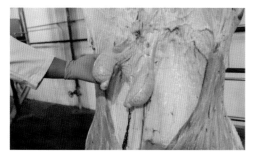

图2-65　牛胴体上睾丸视检

图2-66　牛睾丸纵剖

图2-67　牛胴体视检

图2-68　牛胸腔视检

2.淋巴结检查　主要对颈浅淋巴结（肩前淋巴结）、髂下淋巴结（股前淋巴结、膝上淋巴结）、腹股沟深淋巴结等进行检查（图2-69、图2-70和图2-71）。检查颈浅淋巴结是在肩关节前稍上方剖开臂头肌、肩胛横突肌下的一侧颈浅淋巴结，检查切面形状、色泽及有无肿胀、淤血、出血、坏死灶等。检查

图2-69　牛颈浅淋巴结检查

髂下淋巴结是剖开一侧髂下淋巴结，检查切面形状、色泽、大小及有无肿胀、淤血、出血、坏死灶等。必要时剖检腹股沟深淋巴结。

图2-70　牛髂下淋巴结检查

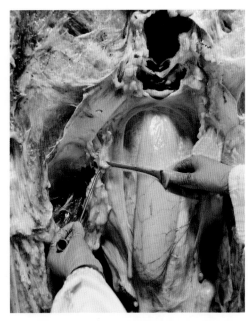

图2-71　牛腹股沟深淋巴结检查

（四）复检

复检是官方兽医对上述检疫情况进行全面的检验和复查，根据复查情况综合判定检疫结果。复检岗位设置在胴体检查之后（图2-72、图2-73）。

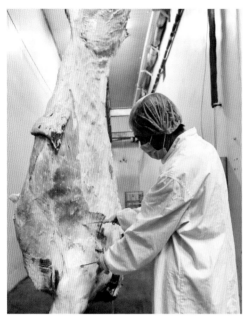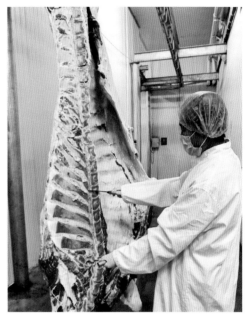

图2-72　检查牛肌肉组织有无水肿、变性等变化　　　　图2-73　检查牛放血程度

三、羊宰后同步检疫

宰后同步检疫是对屠宰后编号相同的羊的头、蹄、内脏、胴体等依次进行检疫。

（一）头部检查

头部检查程序：鼻镜检查（图2-74）→齿龈检查（图2-75）→口腔黏膜、舌及舌面检查（图2-76）→下颌淋巴结剖检（必要时）（图2-77、图2-78）→眼结膜检查（必要时）（图2-79）→咽喉黏膜检查（必要时）。

图2-74　检查羊鼻镜　　　　　　　　　　　图2-75　检查羊齿龈

图2-76 检查羊口腔黏膜、舌及舌面

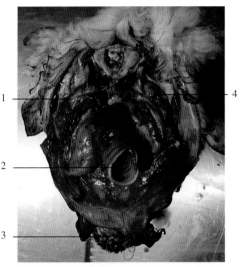

图2-77 羊下颌淋巴结位置

1.左下颌淋巴结 2.气管 3.下唇 4.右下颌淋巴结

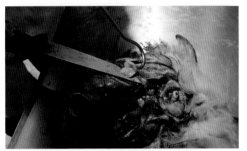

图2-78 剖检羊左下颌淋巴结

（二）蹄部检查

以检验钩固定羊蹄，用检验刀打开蹄叉，检查羊的蹄冠和蹄叉等部位皮肤（图2-80），观察有无水疱、溃疡、烂斑、结痂等。

图2-79 检查羊眼结膜

（三）内脏检查

取出内脏前，观察胸腔、腹腔有无积液、粘连、纤维素性渗出物（图2-81）。检查心脏、肺脏、肝脏、胃肠、脾脏、肾脏，剖检肠系膜淋巴结、支气管淋巴结、肝门淋巴结，检查有无病变和其他异常（图2-82至图2-87）。

图2-80 羊蹄部检查

图2-81　羊胃肠及腹腔浆膜视检

图2-82　羊脾脏检查

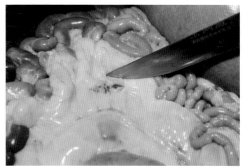

图2-83　剖检羊肠系膜淋巴结

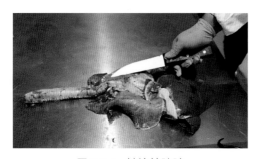

图2-84　触检羊肺脏

图2-85　检查羊心脏

（四）胴体检查

1.**整体检查**　检查皮下组织、脂肪、肌肉、淋巴结以及胸腔、腹腔浆膜有无淤血、出血、疹块、脓肿和其他异常等（图2-88）。

2.**淋巴结检查**　羊胴体剖检的淋巴结主要是颈浅淋巴结（肩前淋巴结）和髂下淋巴结（股前淋巴结、膝上淋巴结），必要时检查腹股沟深淋巴结。

图2-86 检查羊肝脏

图2-87 剖检羊肾脏

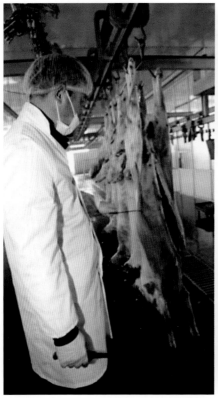

图2-88 羊整体检查

（1）颈浅淋巴结检查　检查颈浅淋巴结的切面形状、色泽，注意有无肿胀、淤血、出血、坏死灶等病变（图2-89）。

（2）髂下淋巴结检查　剖开双侧髂下淋巴结，检查切面形状、色泽、大小及有无肿胀、淤血、出血、坏死灶等病变（图2-90）。

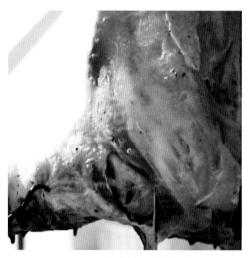

图2-89　检查羊颈浅淋巴结

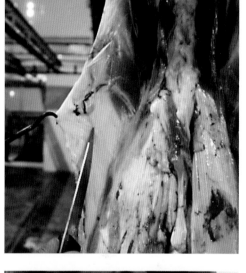

图2-90　羊左侧髂下淋巴结剖检

（3）腹股沟深淋巴结检查　剖开腹股沟深淋巴结，检查切面形状、色泽、大小及有无肿胀、淤血、出血、坏死灶等病变（图2-91）。

（五）复检

结合胴体初检结果，进行全面复查，检查有无甲状腺和病变淋巴结漏摘，根据复查情况综合判定检疫结果。

图2-91　羊右侧腹股沟深淋巴结检查

第三章 检疫对象及检查内容

本章详细介绍了牛、羊、鹿、骆驼等反刍动物的法定检疫对象和检查内容，以典型的病例图片呈现有关疫病的临床症状和病理变化，以期指导官方兽医的检疫工作，提升相兽医从业人员的专业知识和实践能力。

第一节 牛

一、检疫对象

1.产地检疫对象　口蹄疫、布鲁氏菌病、牛结核病、炭疽、牛传染性胸膜肺炎。

2.屠宰检疫对象　口蹄疫、牛传染性胸膜肺炎、牛海绵状脑病、布鲁氏菌病、牛结核病、炭疽、牛传染性鼻气管炎、日本血吸虫病。

二、检查内容

（一）口蹄疫

口蹄疫是由口蹄疫病毒引起偶蹄动物的一种急性、热性、高度接触性传染病。特征是在口腔黏膜、蹄和乳房皮肤处形成大小不同的水疱和烂斑。

【临床症状】患牛少食或拒食，流涎，涎多时白色泡沫挂满嘴角，并呈长线状流至地面（图3-1、图

图3-1　感染初期，从病牛口腔流出大量唾液
（引自周国乔等，2019）

3-2）；在唇内、齿龈、舌面（图3-3）、颈部黏膜、蹄趾间及蹄冠部（图3-4、图3-5）、乳房皮肤（图3-6）上出现水疱，水疱破裂后形成溃疡、糜烂或烂斑；跛行，甚至蹄壳脱落。

图3-2　病牛大量水疱破裂，水疱液及黏膜随唾液流出
（引自潘耀谦等，2019）

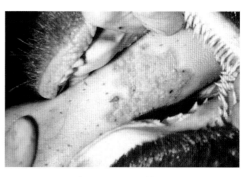

图3-3　病牛舌面形成的糜烂及溃疡
（引自郭爱珍，2014）

图3-4　病牛蹄踵部皮肤溃疡，蹄壳与皮肤分离
（引自郭爱珍，2014）

图3-5　病牛趾间有化脓性溃疡，蹄冠部有黄白色糜烂
（引自潘耀谦等，2019）

【病理变化】食道和瘤胃黏膜有水疱和烂斑（图3-7、图3-8）；胃肠有出血性炎症、心包积液、心外膜出血、心肌松软、心肌表面和切面出现灰白色或淡黄色条纹，俗称"虎斑心"（图3-9、图3-10和图3-11）。

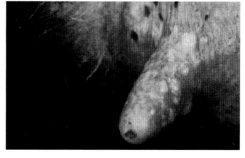

图3-6　病牛乳头及乳头基部有大量水疱及溃疡
（引自潘耀谦等，2019）

图3-7　病牛瘤胃黏膜上有大小不一的溃疡
（引自潘耀谦等，2019）

图3-8　病牛瘤胃黏膜上有大小不一的溃疡
（引自陈怀涛，2008）

图3-9　病牛心外膜出血、心肌松软、红色肌
肉嵌有白色变性区，俗称"虎斑心"
（引自郭爱珍，2014）

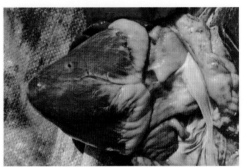

图3-10　病牛充血的心壁上见有黄褐色的斑纹
（引自潘耀谦等，2019）

（二）牛传染性胸膜肺炎

牛传染性胸膜肺炎又称牛肺疫，是由丝状支原体丝状亚种引起的牛的一种接触性传染病，主要侵害肺脏和胸膜，特征为纤维素性肺炎和胸膜炎。

【临床症状】急性型病牛体温升高至40～42℃，呈稽滞留热，鼻孔扩张，鼻翼翕动，有浆液性或脓性鼻液流出（图3-12）。呼吸高度困难，多呈腹式呼吸，呼吸时头颈伸

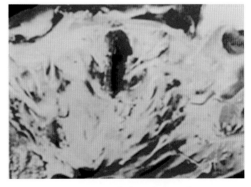

图3-11　病牛"虎斑心"
（引自陈怀涛，2008）

直，前肢开张，吸气长、呼气短，不愿走动和卧地，喜站。慢性型病牛消化机能紊乱，食欲反复无常，逐渐消瘦，被毛粗乱，肋骨显露，叩诊胸部有浊音区且敏感。

【病理变化】特征病变主要在肺脏和胸腔，表现为纤维素性肺炎、浆液纤维素性胸膜炎。患病初期以小叶性肺炎为特征，肺炎灶充血、水肿，呈鲜红色或紫红色。患病中期为该病典型病变，表现为纤维素性肺炎和胸膜炎，肺实质病变，切面呈大理石状外观；肺间质水肿增宽，呈灰白色。病肺与胸膜粘连，胸膜显著增厚并

图3-12　病牛有浆液或脓性鼻液流出
（引自周国乔等，2019）

有纤维素附着，胸腔积液黄色并夹杂有纤维素性渗出物（图3-13至图3-19）。

图3-13　病牛胸腔内积有黄褐色的胸腔积液
（引自潘耀谦等，2019）

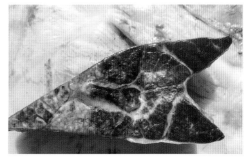

图3-14　病牛大叶性肺炎，肺切面间质增宽呈大理石样纹理

图3-15　病牛胸腔纤维素性渗出物机化

图3-16　病牛发炎的肺脏与胸腔和心包粘连
（引自潘耀谦等，2019）

图3-17　病牛肺间质水肿增宽

（引自周国乔等，2019）

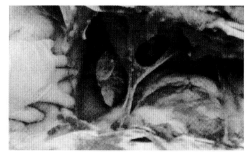

图3-18　病牛胸腔积有大量淡黄色液体

（引自周国乔等，2019）

（三）牛海绵状脑病

牛海绵状脑病又称疯牛病，是由朊病毒引起的一种中枢神经系统疾病，主要特征为行为异常、轻瘫、脑灰质形成海绵状和神经元空泡。

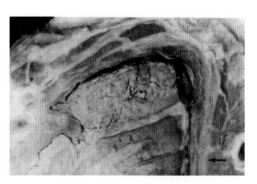

图3-19　病牛肺坏死块化

（引自陈怀涛，2008）

【临床症状】病牛表现为攻击性神经症状，运动失调与感觉异常。病初，病牛行为异常，反应迟钝、目光呆滞，经常后两肢叉开低头呆立，继之，神经过敏，烦躁不安，常由于恐惧、狂躁而表现出乱踢乱蹬等攻击性行为，共济失调、步态不稳，少数病牛出现头部和肩部肌肉颤抖和抽搐。后期出现强直性痉挛，极度消瘦而死亡（图3-20至图3-24）。

图3-20　病牛两后肢叉开，低头呆立

（引自潘耀谦等，2019）

图3-21　病牛体重减轻、不安，后躯运动失调

（引自潘耀谦等，2019）

图3-22 病牛背腰拱起，左旋回时后肢不灵活
（引自潘耀谦等，2019）

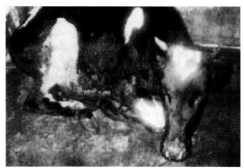

图3-23 病牛卧地不起，肢体僵硬
（引自潘耀谦等，2019）

【病理变化】 本病无肉眼可见明显病变。组织学检查主要病变是脑组织呈海绵样外观（脑组织空泡化），脑灰质形成明显的空泡。

（四）布鲁氏菌病

布鲁氏菌病简称布病，是由布鲁氏杆菌引起的人畜共患传染病，主要侵害生殖系统和关节等部位。

图3-24 典型的犬坐姿势，病牛不能站立

【临床症状】 临床症状不明显。母牛表现为流产、胎衣不下、生殖器官及胎膜发炎（图3-25至图3-30）；公牛表现为睾丸炎、附睾炎及关节炎（图3-31）。

图3-25 流产母牛阴道分泌物清亮，带血及白色黏稠物
（引自郭爱珍，2014）

图3-26 流产母牛阴道流出白色分泌物
（引自郭爱珍，2014）

图 3-27　流产母牛从阴门流出污秽不洁的分泌物
（引自潘耀谦等，2019）

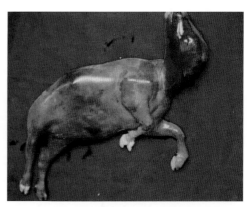

图 3-28　妊娠中期流产的胎儿
（引自潘耀谦等，2019）

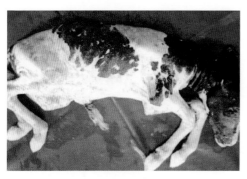

图 3-29　妊娠后期流产的胎儿
（引自潘耀谦等，2019）

图 3-30　胎龄较大的流产胎儿
（引自郭爱珍，2014）

【病理变化】剖检病变主要在妊娠母牛的子宫与胎膜及胎儿，子宫绒毛膜因充血呈紫红色，伴有污灰色或黄色无气味的胶样渗出物（图3-32），流产胎儿全身多个器官出现败血症变化（图3-33至图3-36）；公牛睾丸切面可见坏死灶或化脓灶（图3-37）。

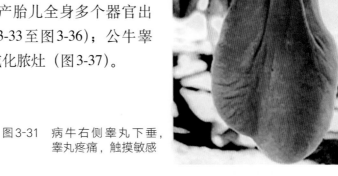

图 3-31　病牛右侧睾丸下垂，
睾丸疼痛，触摸敏感

图3-32　流产母牛阴道流出带
血分泌物
（引自郭爱珍，2014）

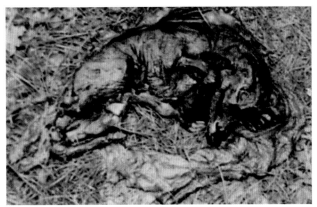

图3-33　木乃伊胎儿

（引自陈怀涛，2008）

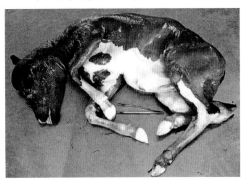

图3-34　胎盘感染引起的流产时胎儿水肿，
腹腔积液而膨大
（引自潘耀谦等，2019）

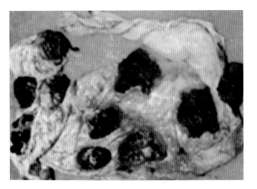

图3-35　胎盘上有灰白色坏死灶，胎盘膜肥
厚、有明显的炎性反应
（引自潘耀谦等，2019）

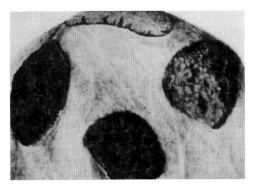

图3-36　流产的胎儿胎盘增厚，暗晦，似皮
革样
（引自潘耀谦等，2019）

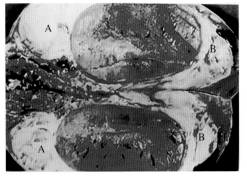

图3-37　牛急性睾丸炎和附睾炎

睾丸明显发炎（A），并伴有坏死性睾丸炎，
阴囊下垂部皮下水肿（B）

（五）牛结核病

牛结核病是由牛分支杆菌引起的一种慢性消耗性人畜共患传染病，主要特征为组织器官形成结核性肉芽肿和干酪样坏死或钙化病灶，造成病牛渐进性消瘦。

【临床症状】症状常随患病器官不同而表现为肺结核、乳房结核、淋巴结核、肠结核、生殖器结核和脑结核。

（1）肺结核　病初短促干咳，随后转为湿咳，流出黏液性或脓性鼻液，病牛消瘦（图3-38）、贫血，体表淋巴结肿大（图3-39、图3-40）。

（2）乳房结核　乳房上淋巴结肿大，可摸到局限性或弥散性硬结（图3-41），病程较长时，可引起乳腺萎缩，两乳房呈不对称状。

图3-38　患病犊牛被毛粗乱，明显消瘦
（引自潘耀谦等，2019）

图3-39　病牛咽后淋巴结肿大，呼吸困难
（引自潘耀谦等，2019）

图3-40　病牛颈前淋巴结发生结核性病变，明显肿大
（引自潘耀谦等，2019）

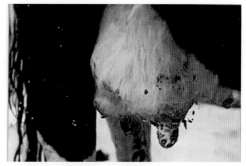

图3-41　乳房结核，病牛右侧前后分房有大小不等的结核结节
（引自潘耀谦等，2019）

（3）肠结核　消化不良、顽固下痢，迅速消瘦，粪呈半液状，可能混有黏液和脓液。

（4）生殖器官结核　表现为性欲亢进，不断发情，但不宜受孕，孕后往往流产；公畜附睾及睾丸肿大，硬而痛。

（5）脑结核　癫痫等多种神经症状，运动障碍。

【病理变化】组织和器官形成结核结节或干酪样坏死，或淋巴结肿大，或胸、腹膜见密集的形如珍珠状的结核结节，俗称"珍珠病"（图3-42至图3-53）。

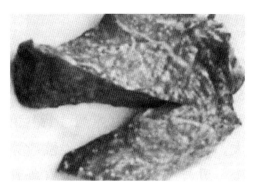

图3-42　病牛肺结核结节

（引自周国乔等，2019）

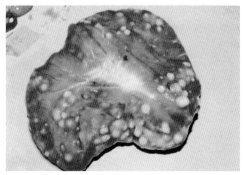

图3-43　病牛淋巴结内有大量灰白色结核结节

（引自潘耀谦等，2019）

图3-44　病牛渗出性干酪样淋巴结炎

（引自潘耀谦等，2019）

图3-45　病牛肋膜上的结核结节

（引自郭爱珍，2014）

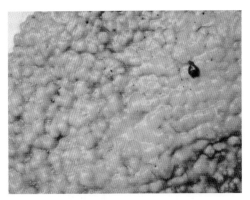

图 3-46　病牛胸膜上的"珍珠状"结核结节
（引自郭爱珍，2014）

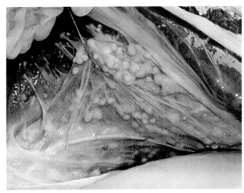

图 3-47　病牛腹膜上的"珍珠状"结核结节
（引自郭爱珍，2014）

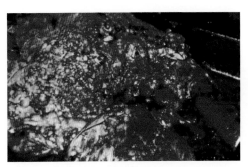

图 3-48　病牛心包膜发生干酪样炎而与心外
膜粘连
（引自潘耀谦等，2019）

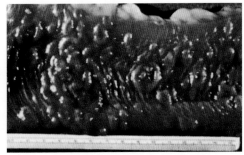

图 3-49　病牛小肠黏膜面散布着大量的结核
性溃疡
（引自潘耀谦等，2019）

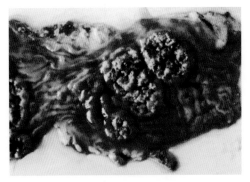

图 3-50　病牛小肠黏膜有融合性结核性溃疡
（引自潘耀谦等，2019）

图 3-51　病牛肾表面密布细小的白色结核结节

图3-52　病牛子宫黏膜表面有许多结核结节，
有些中心部已破溃形成溃疡
（引自陈怀涛，2008）

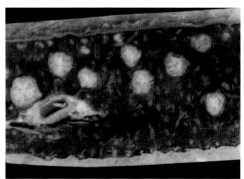

图3-53　病牛脾脏结核结节

（引自陈怀涛，2008）

（六）炭疽

炭疽是由炭疽杆菌引起的一种急性、热性、败血性人畜共患传染病。主要表现为突然死亡、尸僵不全、血凝不良、脾脏极度肿大、皮下和浆膜下组织呈现出血性浆液浸润。

【临床症状】

（1）急性型　最常见，病牛腹部膨大，腹泻，粪便带血，有时兴奋不安（图3-54），呼吸困难（图3-55），瞳孔散大，黏膜水肿，有出血斑点，颈、胸部水肿，肌肉震颤，痉挛而死。

图3-54　病牛兴奋不安

（引自周国乔等，2019）

图3-55　病牛呼吸困难

（引自周国乔等，2019）

（2）亚急性　与急性型相似但症状较轻，发展较缓慢。颈、胸、腹及阴部等处常水肿，坚硬呈面团状；发生肠炭疽时，排粪困难，粪便带有煤焦油样的血液，病程2～5天或更长时间；病死牛尸僵不全，天然孔出血，血液凝固不良。

【病理变化】急性炭疽以败血症变化为主，皮下胶样浸润，全身淋巴结肿胀、出血、水肿（图3-56）；脾脏肿大，脾髓呈黑红色，软化如泥状或糊状（图3-57、图3-58）；肝、肾、心、脑等实质性器官常发生变性、肿大，表面和切面常见数量较多的出血点；肠系膜出血、水肿（图3-59）。

图3-56　病牛皮下淡黄色胶样浸润及出血，内脏出血
（引自潘耀谦等，2019）

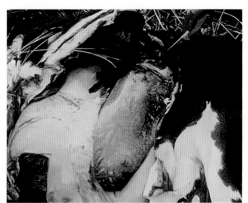

图3-57　"败血脾"，病牛脾脏肿大、质软、呈紫黑色
（引自潘耀谦等，2019）

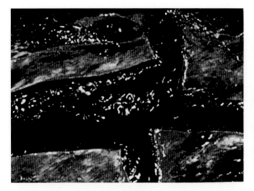

图3-58　病牛脾脏切面外翻，血凝不良呈焦油样
（引自潘耀谦等，2019）

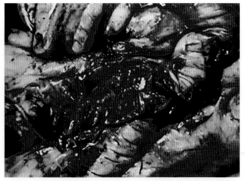

图3-59　病牛肠系膜出血，水肿，系膜淋巴结肿大
（引自潘耀谦等，2019）

（七）牛传染性鼻气管炎

牛传染性鼻气管炎是由牛传染性鼻气管炎病毒引起的急性接触性传染病，以发热和上呼吸道炎性变化为主要特征。

【临床症状】

（1）呼吸道型 病牛高热，食欲降低甚至废绝，鼻黏膜高度充血，可见糜烂和溃疡；有黏性鼻液，严重时出现咳、喘和呼吸困难（图3-60至图3-63）。

图3-60 病犊沉郁、昏睡，腹部蜷缩，流黏脓性鼻液

（引自潘耀谦等，2019）

图3-61 病牛鼻镜发红

（引自周国乔等，2019）

（2）结膜炎性 病牛畏光、流泪，结膜高度充血、水肿，眼分泌物中混有脓液（图3-64至图3-67）。

（3）生殖道型 母牛阴道发炎，阴道底部和外阴部见黏稠无臭的黏液，公牛为传染性脓疱性龟头包皮炎（图3-68、图3-69）。

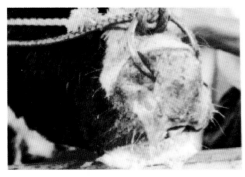

图3-62 病牛鼻镜干燥，有糜烂、溃疡和痂皮

（引自潘耀谦等，2019）

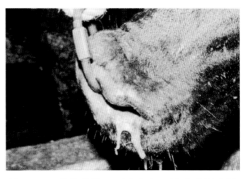

图3-63 病牛发热，呼吸急促，流出大量鼻液

（引自潘耀谦等，2019）

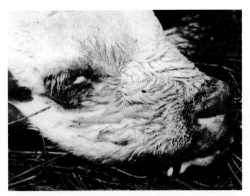

图3-64 病牛眼结膜充血、流泪，鼻部充血
呈鲜红色
（引自潘耀谦等，2019）

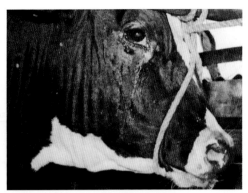

图3-65 病牛眼睑水肿和流泪
（引自潘耀谦等，2019）

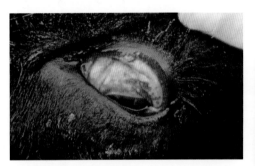

图3-66 病牛眼结膜高度充血或淤血
（引自潘耀谦等，2019）

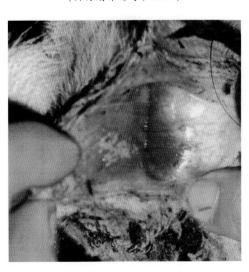

图3-67 病牛眼睑痉挛，伴发化脓性结膜炎
（引自潘耀谦等，2019）

图3-68 病牛阴唇黏膜充血，有灰白色病灶
（引自潘耀谦等，2019）

（4）脑膜脑炎性 病牛体温升高，精神沉郁，惊厥、倒地、磨牙、角弓反张，死亡率高达50%以上。

【病理变化】呼吸道病变为呼吸道黏膜的高度炎症，有浅溃疡，其上覆有灰色、恶臭、脓性渗出物。生殖道型可见外阴、阴道、宫颈黏膜、包皮、阴茎黏膜炎症。流产的胎儿有坏死性肝炎和脾脏局部坏死。脑膜炎型有脑组织非化脓性炎症变化（图3-70至图3-76）。

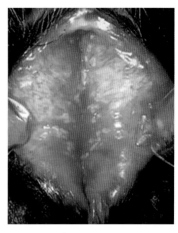

图3-69 病牛阴唇黏膜有大量脓疱，形成传染性脓疱性阴门炎
（引自潘耀谦等，2019）

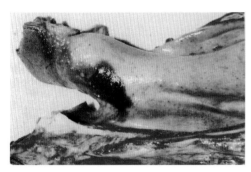

图3-70 病牛鼻甲黏膜充血和点状出血
（引自潘耀谦等，2019）

图3-71 病牛鼻中隔黏膜坏死，易剥离，黏膜出血
（引自潘耀谦等，2019）

图3-72 被覆于病牛喉部黏膜的化脓性假膜
（引自潘耀谦等，2019）

图3-73 病牛气管黏膜充血，被覆有黏液性化脓性假膜
（引自潘耀谦等，2019）

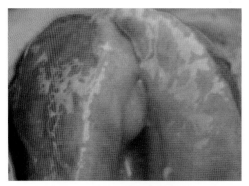

图3-74　病牛扁桃体水肿

（引自郭爱珍，2014）

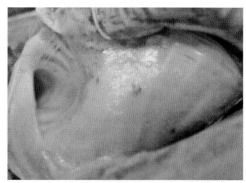

图3-75　病牛气管内有大量泡沫，黏膜充血

（引自郭爱珍，2014）

图3-76　严重和病程较长时，病牛肺充血、水肿（左）

（引自郭爱珍，2014）

（八）日本血吸虫病

日本血吸虫病是由日本血吸虫引起的一种危害严重的人畜共患寄生虫病，多寄生于门静脉和肠系膜静脉内，主要危害人与耕牛。

【临床症状】牛犊大量感染尾蚴时呈急性经过，食欲不振，精神萎靡，不规则间歇热，继而消化不良，逐渐消瘦，严重贫血，最后全身衰竭死亡。母牛则不孕或发生流产。

【病理变化】特征病变是发现由虫卵沉着在组织中所引起的虫卵结节，肝脏和肠壁多见，脾、胰、胃、淋巴结、胆囊等偶有虫卵沉积。异位寄生者引起肉芽肿病变（图3-77、图3-78）。

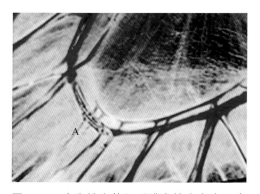

图3-77 病牛扩张的肠系膜血管中有血吸虫（A）寄生
（引自潘耀谦等，2019）

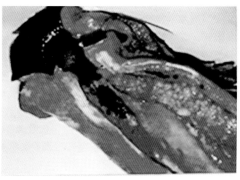

图3-78 血吸虫在病牛鼻黏膜静脉中寄生引起的肉芽肿
（引自潘耀谦等，2019）

第二节 羊

一、检疫对象

1.产地检疫 口蹄疫、布鲁氏菌病、绵羊痘和山羊痘、小反刍兽疫、炭疽。

2.屠宰检疫 口蹄疫、布鲁氏菌病、绵羊痘和山羊痘、小反刍兽疫、炭疽、痒病、肝片吸虫病、棘球蚴病。

二、检查内容

（一）口蹄疫

羊口蹄疫潜伏期1～7天，绵羊蹄部症状明显，口腔黏膜变化较轻。山羊症状多见于口腔，水疱以硬腭和舌面多发，蹄部病变较轻。

【临床症状】临床检查中，发现羊出现发热、精神不振、食欲减退、流涎（图3-79）；蹄冠、蹄叉、蹄踵部出现水疱，水疱破裂后表面出血，形成暗红色烂斑（图3-80），感染造成化脓、坏死、蹄壳脱落，

图3-79 病羊精神不振、采食障碍
（引自谷凤柱等，2019）

病羊卧地不起；鼻盘、口腔黏膜、舌、乳房出现水疱和糜烂（图3-81、图3-82和图3-83）等症状。

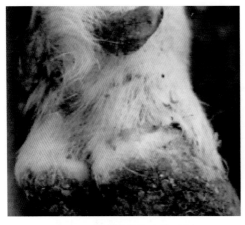

图3-80　病羊蹄部水疱破裂

（引自谷凤柱等，2019）

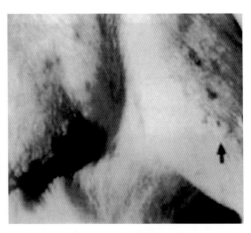

图3-81　病羊乳房水疱

（引自谷凤柱等，2019）

图3-82　病羊舌黏膜发生水疱和溃烂

图3-83　病羊鼻孔流白色泡沫片状鼻液，口腔黏膜水疱和溃烂

【病理变化】宰后检查，可见口腔、蹄部、乳房有水疱和烂斑。严重时，咽喉、气管、前胃等黏膜可见烂斑和溃疡，恶性病变往往可见"虎斑心"（图3-84、图3-85）。

图3-84 病羊恶性病变"虎斑心"　　图3-85 病羊恶性病变心肌切面的虎皮斑纹，
　　　　　　　　　　　　　　　　　　　　　即"虎斑心"

（二）布鲁氏菌病

羊布鲁氏菌病主要症状是流产，多发生在妊娠后3～4个月，多数胎衣不下。少数病羊发生关节炎、关节肿胀、疼痛，出现跛行。公羊发生睾丸炎。

【临床症状】临床检查，发现孕羊出现流产、死胎或产弱胎，乳房炎症、生殖道炎症、胎衣滞留，持续排出污灰色或棕红色恶露（图3-86、图3-87）；公羊发生睾丸炎或关节炎、滑膜囊炎，偶见阴茎红肿，出现睾丸和附睾肿大等症状（图3-88、图3-89）。

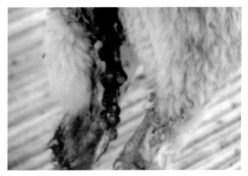

图3-86 孕羊流产，流出尿囊膜　　　　　图3-87 病羊流产，流出胎衣
（引自谷凤柱等，2019）　　　　　　　　（引自谷凤柱等，2019）

【病理变化】宰后检查，可见阴道、子宫、睾丸等生殖器官的炎性坏死（图3-90、图3-91）。淋巴结、脾脏、肝脏、肾脏等器官形成特征性肉芽肿（布鲁氏菌病结节）。有的可见关节炎病变。

图3-88　公绵羊睾丸肿大下垂

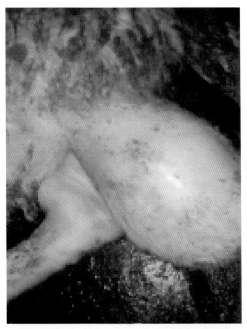

图3-89　公羊睾丸极度肿胀
（引自谷凤柱等，2019）

图3-90　精索炎：病羊精索呈结节或团块状

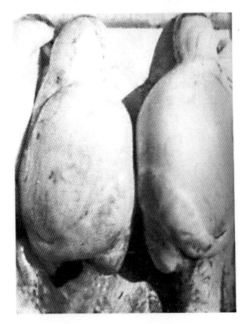

图3-91　精索炎：病羊精索肿胀，睾丸上移

【实验室检查】虎红平板凝集试验（图3-92、图3-93）。

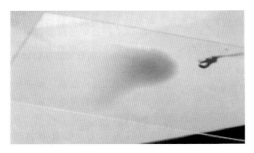

图3-92 病羊凝集试验：不凝集，阴性
（引自谷凤柱等，2019）

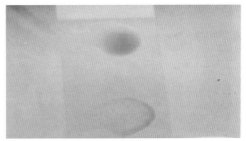

图3-93 病羊凝集试验：凝集，阳性
（引自谷凤柱等，2019）

（三）炭疽

羊炭疽临床特征多呈最急性（猝死）或急性经过。

【临床症状】在临床检查中，发现羊出现高热、呼吸增速、心跳加快；食欲废绝，偶见瘤胃膨胀，可视黏膜紫绀，突然倒毙；天然孔出血（图3-94）、血凝不良呈煤焦油样、尸僵不全；体表、直肠、口腔黏膜等处发生炭疽痈等症状。

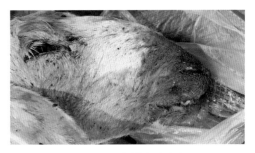

图3-94 病羊鼻孔出血

【病理变化】宰后检查，可见皮下、咽喉、肌间和浆膜下组织有出血和胶样浸润（图3-95、图3-96）。淋巴结肿大、出血，切面潮红（图3-97）。脾脏高度肿胀，超出正常脾脏3～4倍，脾髓质呈黑紫色（图3-98）。

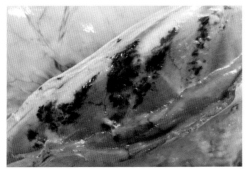

图3-95 病羊胸部肌肉出血斑点

图3-96 病羊皮下出血性胶状浸润

图3-97　病羊淋巴结出血，呈黑红色

图3-98　病羊脾肿大，表面可见出血斑

（四）小反刍兽疫

小反刍兽疫又称羊瘟，是由小反刍兽疫病毒引起的山羊和绵羊等小反刍兽的一种急性、烈性、接触性传染病。本病潜伏期为3～6天，最长达21天。

【临床症状】以发热、口炎、腹泻、肺炎为主。绵羊临床症状较轻微，山羊症状一般较典型。表现为突然发病，体温升高至40℃以上，稽留3～5天。病羊精神沉郁，烦躁不安（图3-99）。大量黏脓性鼻液阻塞鼻孔，引起呼吸困难（图3-100）。眼结膜充血（图3-101）、流泪（图3-102），口腔黏膜充血，随后出现溃疡（图3-103）。呼出气体恶臭，后期咳嗽、腹式呼吸，多数病羊发生严重腹泻（图3-104）、消瘦、衰竭。本病发病率可达100%，在严重暴发时，死亡率可达100%，超急性病例可能无病变，仅出现发热即死亡。

临床检查中，发现羊出现突然发热、呼吸困难或咳嗽，分泌黏脓性卡他性鼻液，口腔内膜充血、糜烂，齿龈出血，严重腹泻或下痢，母羊流产等症状的，怀疑感染小反刍兽疫。

图3-99　病羊高热、精神沉郁

（引自谷凤柱等，2019）

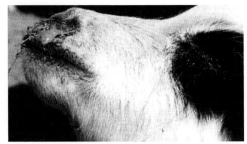

图3-100　病羊分泌黏脓性卡他性鼻液，鼻孔阻塞，呼吸困难

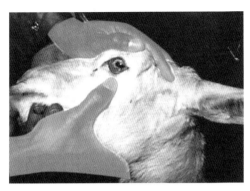

图 3-101　病羊眼黏膜充血，发炎

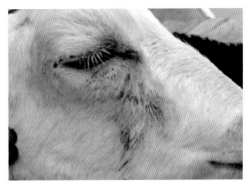

图 3-102　病羊眼炎流泪

（引自谷凤柱等，2019）

图 3-103　病羊口腔黏膜糜烂

（引自谷凤柱等，2019）

图 3-104　病羊严重腹泻

【病理变化】宰后检查，可见坏死性口炎、舌面淤血溃烂（图 3-105、图 3-106），喉头、气管等部位有出血斑（图 3-107、图 3-108），肺脏发炎、

图 3-105　病羊舌体淤血

（引自谷凤柱等，2019）

图 3-106　病羊整个舌根部和咽喉部黏膜糜烂

图3-107　病羊喉头出血

（引自谷凤柱等，2019）

图3-108　病羊气管环出血

（引自谷凤柱等，2019）

淤血、出血（图3-109）；肝脏有坏死灶并变软（图3-110）；皱胃病变是典型特征，常见出血（图3-111、图3-112），肠道出血或糜烂，盲肠和结肠结合处有特征性出血或斑马样条纹（图3-113）。淋巴结肿大（图3-114）。

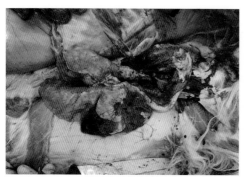

图3-109　病羊间质性肺炎

图3-110　病羊肝脏有坏死灶

（引自谷凤柱等，2019）

图3-111　病羊皱胃弥散性出血

（引自谷凤柱等，2019）

图3-112　病羊皱胃重度出血

（引自谷凤柱等，2019）

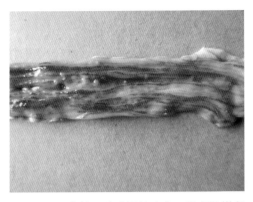

图3-113 病羊肠黏膜褶皱出血，呈斑马样条纹状

图3-114 病羊出血性淋巴结炎

（五）绵羊痘和山羊痘

羊痘病包括绵羊痘和山羊痘，绵羊痘病原为绵羊痘病毒，只能使绵羊发病，具有典型病理过程，是多种家畜痘病中危害最为严重的一种热性接触性传染病。山羊痘病原为山羊痘病毒，一般症状较轻。

【临床症状】羊出现体温升高、呼吸加快；皮肤、黏膜上出现痘疹，由红斑到丘疹，突出皮肤表面（图3-115至图3-119），继发化脓菌感染形成脓疱继而破溃结痂（图3-120）等症状。

（1）绵羊痘

图3-115 病羊头部痘疹，头脸变形
（引自谷凤柱等，2019）

图3-116 病羊胸骨区皮肤痘疹
（引自谷凤柱等，2019）

图3-117　病羊尾根、尾腹侧皮肤明显痘疹
（引自谷凤柱等，2019）

图3-118　病羊头部、耳部皮肤痘疹消退
（引自谷凤柱等，2019）

（2）山羊痘

图3-119　病羊嘴唇痘疹
（引自刘炜等，2019）

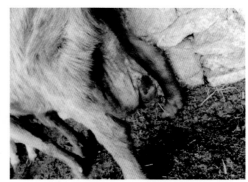

图3-120　病羊乳房痘疹破溃结痂
（引自谷凤柱等，2019）

【病理变化】 气管、肺脏、胃、肾脏等有特征性痘疹（图3-121至图3-124）。

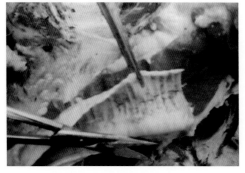

图3-121　病羊气管黏膜痘疹
（引自谷凤柱等，2019）

图3-122　病羊肺脏灰白色半透明痘疹

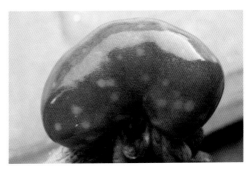

图 3-123　病羊瘤胃壁白色痘疹　　　　图 3-124　病羊肾脏灰白色痘疹
（引自谷凤柱等，2019）

（六）痒病

痒病又称慢性传染性脑炎，俗称震颤病、摇摆病、瘙痒病，是由痒病因子侵害中枢神经系统引起的成年绵羊和山羊的渐进性神经性致死性疫病。特征为瘙痒、共济失调，中枢神经系统变性，死亡率高。主要侵害 2～5 岁绵羊，偶见山羊。

【临床症状】宰前检查，发现病羊表现神经症状并逐渐加剧，初期病羊精神沉郁、神经敏感，共济失调，后肢软弱，驱赶时呈驴跑姿势，常常跌倒。中期呈现被毛断裂和脱落（图 3-125），皮肤剧烈发抖，瘙痒并在墙壁摩擦背部、体侧、臀部等。后期后肢麻痹、卧地不起（图 3-126），机体严重消瘦，最终衰竭死亡。

图 3-125　病羊浑身发痒，颈部被毛脱落　　图 3-126　病后期病羊卧地不起，啃咬发痒的
　　　　　　　　　　　　　　　　　　　　　　　　　　　前肢皮肤

【病理变化】一般无明显肉眼可见病变，组织学检查，表现为病羊神经细胞空泡变性（图3-127）。

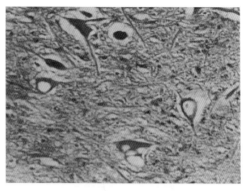

图3-127 延髓神经元空泡变性，神经元中有大小不一的空泡，核被挤到一侧（引自陈怀涛，2008）

（七）肝片吸虫病

肝片吸虫病是由肝片吸虫寄生于人和羊、牛等哺乳动物的肝脏胆管内所致的人畜共患寄生虫病。

【临床症状】病羊宰前消瘦（图3-128）、贫血、黏膜苍白（图3-129），食欲不振，被毛粗乱、无光泽，且易脱落，眼睑、下颌（图3-130）及胸腹下水肿，叩诊肝区半浊音界扩大，压痛明显。

图3-128 病羊严重消瘦、精神沉郁

图3-129 病羊眼结膜贫血、苍白

【病理变化】宰后检查，可见肝脏肿大，包膜有纤维沉积，有长2～5毫米的暗红色虫道，虫道内有凝固的血液和少量幼虫。慢性病例早起肝脏大，以后萎缩变硬，胆管增厚变粗，像条索样突出于表面，切开胆管见有虫体和污浊浓稠的液体（图3-131至图3-134）。

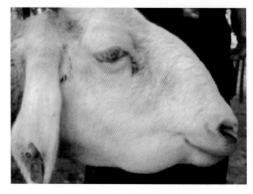

图3-130 病羊下颌水肿
（引自谷凤柱等，2019）

图3-131　肝片吸虫
（引自谷凤柱等，2019）

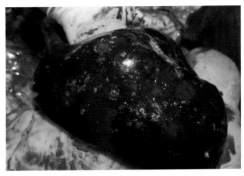

图3-132　病羊肝脏肿大，表面可见大量幼虫
移行虫道
（引自谷凤柱等，2019）

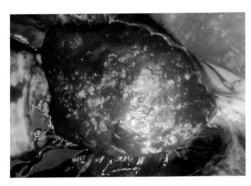

图3-133　病羊肝脏表面密布条索状和斑块状
的灰白色病灶
（引自谷凤柱等，2019）

图3-134　病羊肝小胆管内的肝片吸虫虫体
（引自谷凤柱等，2019）

（八）棘球蚴病

羊棘球蚴病又称羊包虫病，是棘球绦虫的中绦期幼虫寄生于羊的肝、肺及其他器官的一种寄生虫病。

【临床症状】病羊轻度感染和感染初期通常无明显症状，发现严重感染的羊被毛逆立，时常脱毛，营养不良，消瘦（图3-135）。肺部感染时有明显的咳嗽，咳后往往卧地，不愿起立。

图3-135　病羊消瘦、贫血
（引自谷凤柱等，2019）

【病理变化】剖检可见虫体经常寄生于肝脏和肺脏。可见肝、肺表面凹凸不平，体积增大，有数量不等的棘球蚴包囊凸起（图3-136）；肝脏实质中亦有数量不等、大小不一的棘球蚴包囊（图3-137）。棘球蚴内含有大量液体；有时棘球蚴发生钙化和化脓（图3-138）。

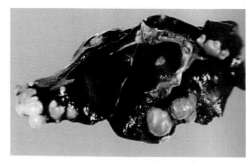

图3-136　病羊肝脏表面棘球蚴泡凸起

图3-137　棘球蚴包囊，内含大量液体
（引自谷凤柱等，2019）

图3-138　病羊肝脏包囊钙化，呈同心圆状
（引自谷凤柱等，2019）

第三节　鹿

一、检疫对象

1. 产地检疫　口蹄疫、布鲁氏菌病、结核病。
2. 屠宰检疫　依照《畜禽屠宰卫生检疫规范》（NY 467—2001）执行。

二、检查内容

（一）口蹄疫

鹿口蹄疫特征是成年鹿的口腔黏膜、四肢下端、乳房等部位皮肤形成水疱和烂斑；幼龄鹿多因心肌受损发生"虎斑心"而死亡。

【临床症状】通常潜伏期2～5天，体温高达40～41℃，精神委顿、食欲减退。口腔黏膜发炎，流带泡沫的丝状口水。鼻盘、口腔黏膜、舌、乳房出现水疱和糜烂（图3-139至图3-143）。蹄冠、蹄叉、蹄踵部出现水疱，水疱破裂后表面出血，形成暗红色烂斑，感染造成化脓、坏死、蹄壳脱落、卧地不起（图3-144至图3-150）。有时可并发

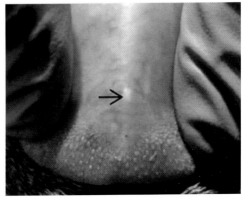

图3-139 病鹿舌黏膜上的水疱
（引自 Kittelberger R，2017）

纤维素性、坏死性咽炎和胃肠炎，有时在鼻咽部形成水疱，引起呼吸障碍和咳嗽。本病多取良性经过，经1周即可痊愈。

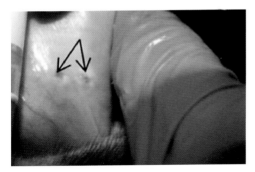

图3-140 病鹿舌背黏膜上的两处糜烂
（引自 Kittelberger R，2017）

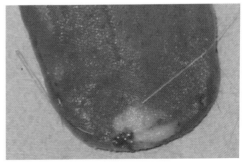

图3-141 病鹿舌黏膜的水疱和溃疡
（引自 Moniwa M，2012）

图3-142 病鹿舌黏膜溃疡愈合
（引自 Moniwa M，2012）

图3-143 病鹿唇黏膜水疱破裂后形成烂斑
（引自 Kittelberger R，2017）

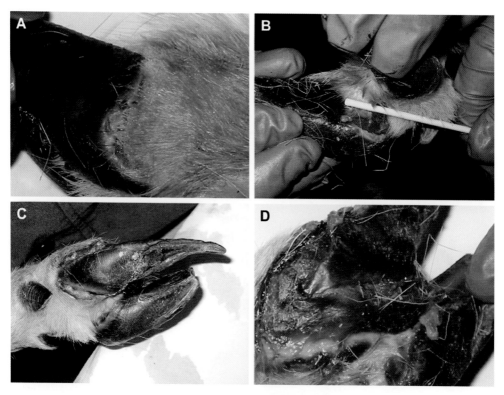

图3-144 病鹿蹄冠部严重受损

A.冠状动脉带有水泡、糜烂和溃疡 B.蹄趾间的水泡破裂 C.蹄部裂开
D.继发性细菌感染引起严重的坏死性化脓性炎症
（引自 Moniwa M，2012）

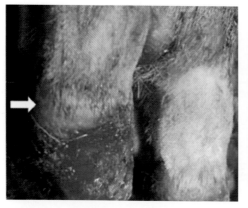

图3-145 病鹿蹄冠状动脉带肿胀（箭头所指）

（引自 Kittelberger R，2017）

图3-146 病鹿蹄冠部的水疱（红色三角形所指），水疱破裂后形成的烂斑（红色箭头所指）

（引自 Kittelberger R，2017）

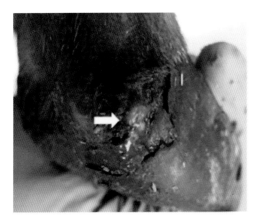

图3-147 病鹿蹄冠部水疱破裂，皮肤破损、
坏死（箭头所指）
（引自 Kittelberger R，2017）

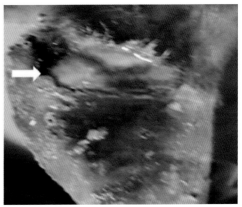

图3-148 病鹿蹄冠部继发性细菌感染，伤口
恶化明显（箭头所指）
（引自 Kittelberger R，2017）

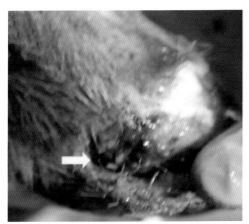

图3-149 病鹿蹄匣脱落（箭头所指）
（引自 Kittelberger R，2017）

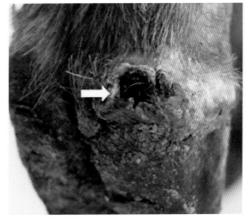

图3-150 病鹿蹄部感染病灶愈合后形成瘢痕
（箭头所指）
（引自 Kittelberger R，2017）

仔鹿感染时水疱不明显，主要表现为出血性肠炎和心肌麻痹，死亡率
较高。

【病理变化】病畜的口腔、蹄部、乳房、咽喉、气管、支气管和前胃黏
膜发生水疱、圆形烂斑和溃疡，上面覆有黑棕色的痂块。真胃和大肠、小
肠黏膜可见出血性炎症。心包膜有弥散性及点状出血，心肌切面有灰白色
或淡黄色的斑点或条纹，呈"虎斑心"（图3-151），心脏松软似煮过的肉。

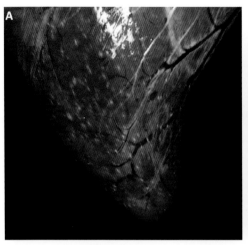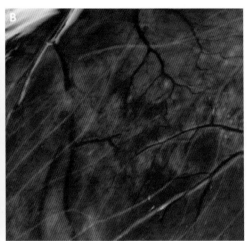

图3-151 （A、B）"虎斑心"，病鹿心肌变性色淡、呈条纹状

（引自 Rhyan J, 2020）

（二）布鲁氏菌病

鹿布鲁氏菌病侵害鹿生殖器官，导致繁殖功能障碍，并使产茸量下降。

【临床症状】临床症状不明显，多为隐性感染。妊娠母鹿表现为流产、

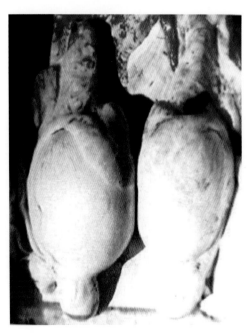

阴道和阴唇黏膜红肿、乳房肿胀。公鹿表现为膝关节炎；或腕关节炎、跗关节炎、黏液囊炎和附睾炎；或单侧或双侧睾丸肿大，触之坚硬（图3-152），不愿运动，喜卧，站立时后肢张开；或长畸形茸、病态茸，畸形茸常长在发炎关节的对应侧等（图3-153、图3-154）。

图3-152 病鹿精索肿大，阴囊总鞘膜内积水（已排空）

（引自关冬梅，2005）

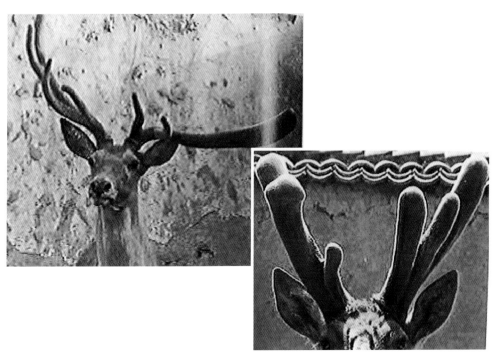

图3-153 病鹿畸形茸

（引自韩胜兰等，2010）

【病理变化】肉眼病变主要是妊娠子宫、输卵管及胎盘发生化脓性坏死性炎，乳腺炎，睾丸炎，流产胎儿的病变和关节炎（图3-155、图3-156）。

图3-154 马鹿正常茸型

（引自韩胜兰等，2010）

图3-155 病鹿子叶出血、坏死

（引自关冬梅，2005）

图3-156 病鹿睾丸（纵剖面）发炎、肿大，左侧灰色区域为坏死的输精管

（引自关冬梅，2005）

（三）结核病

结核病是由分支杆菌引起的一种慢性人畜共患传染病。

鹿结核病主要特征是病程长、渐进性消瘦、咳嗽、衰竭，并在多种组织器官中形成特征性肉芽肿、干酪样坏死和钙化的结节性病灶。

【临床症状】 鹿结核病常由牛型结核杆菌所致。潜伏期长短不一。由于患病器官不同而症状表现各异。

（1）肺结核 表现咳嗽，病初干咳、后湿咳。病程较长时呼吸困难、呼吸次数增多，肺部听诊有啰音或摩擦音，叩诊有浊音区。病鹿消瘦、贫血、体表淋巴结肿大。

（2）肠结核 多见于仔鹿。表现消化不良，食欲不振，顽固性下痢，迅速消瘦，常因恶病质而死亡。

（3）乳房结核 病鹿表现乳房上淋巴结肿大，乳房有局限性或弥散性硬结，无热无痛。乳汁初期无明显变化，严重时乳汁变得稀薄如水。由于肿块形成和乳腺萎缩，两侧乳房不对称，乳头变形，位置异常，最终导致产乳停止。

（4）生殖器官结节 病鹿性机能紊乱，妊娠鹿流产。公畜附睾及睾丸肿大，阴茎前部发生结节、糜烂等。

（5）脑结核 引起神经症状，如癫痫样发作或运动障碍等。

【病理变化】 肺和肺门淋巴结，或肝、脾、肾等器官有大小不等的、表面或切面有很多突起的白色或黄色结节，切开后有干酪样坏死，有的钙化，刀切时有砂砾感。有的肺结核病例可形成空洞或肺渗出性炎症。浆膜结核结节呈"珍珠样"变化（图3-157至图3-167）。肠结核病变多见于空肠的后1/3处和回肠，黏膜出现圆形溃疡，周围隆起呈堤状，溃疡的表面覆盖脓样坏死物质。

图 3-157 鹿结核病：肠系膜淋巴结有脓液渗出
（图片源于 American Public Health Association）

图 3-158 鹿结核病：肠系膜淋巴结中的绿色
干酪样物质
（图片源于 American Public Health Association）

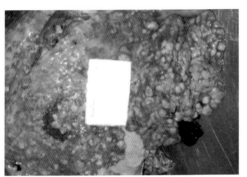

图 3-159 鹿结核病：肺表面密布大小不等的
结核性结节
（图片源于 American Public Health Association）

图 3-160 病鹿肺脏表面结核性结节
（图片源于 Michigan Department of Natural Resources）

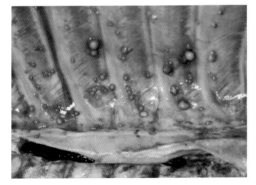

图 3-161 病鹿胸膜上"珍珠状"结核结节
（图片源于 Michigan Department of Natural Resources）

图 3-162 病鹿胸腔、肺脏表面密布大小不等
的结核性结节
（图片源于 Michigan Department of Natural Resources）

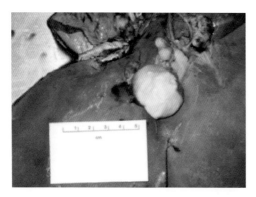

图3-163　鹿结核病：肝淋巴结，切开表面有
　　　　　脓液渗出
（图片源于 American Public Health Association）

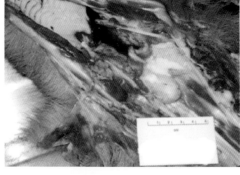

图3-164　鹿结核病：咽后淋巴结内含有奶油
　　　　　色的液体
（图片源于 American Public Health Association）

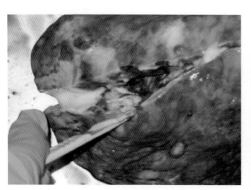

图3-165　鹿结核病：乳白色液体从切开的肺
　　　　　表面渗出
（图片源于 American Public Health Association）

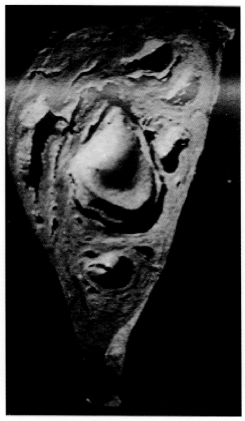

图3-167　鹿结核病：脓肿的结核结节切面

（图片源于 Michigan Department of natural resources）

图3-166　鹿结核病：肺空洞

（引自韩胜兰等，2010）

第四节 骆 驼

一、检疫对象

产地检疫：口蹄疫、布鲁氏菌病、结核病。

二、检查内容

（一）口蹄疫

口蹄疫可感染双峰驼、羊驼（小羊驼）和美洲驼（大羊驼）。单峰驼对口蹄疫病毒不具备易感性。尚无关于原驼和骆马口蹄疫易感性的报道。

【临床症状】 患病骆驼出现发热、精神不振、食欲减退、流涎；蹄冠、蹄叉、蹄踵部出现水疱，水疱破裂后表面出血，形成暗红色烂斑，感染造成化脓、坏死、蹄壳脱落，卧地不起；鼻盘、口腔黏膜、舌、乳房出现水疱和糜烂等症状的，怀疑感染口蹄疫（图3-168至图3-172）。

图3-168 骆驼口蹄疫：后蹄跛行
（引自殷宏等，2016）

图3-169 骆驼口蹄疫：卧地不起，精神沉郁
（引自殷宏等，2016）

图3-170 骆驼口蹄疫：后蹄掌严重损伤
（引自殷宏等，2016）

图 3-171　双峰驼自然感染病例造成的蹄匣脱落
（引自殷宏等，2016）

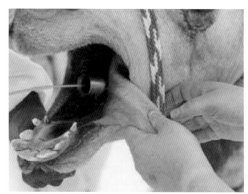

图 3-172　用食道探杯给单峰驼采样
（引自殷宏等，2016）

（二）布鲁氏菌病

骆驼属动物［共有单峰驼、双峰驼（家骆驼）和双峰驼（野骆驼）3 个种］对布鲁氏菌病易感。羊驼属动物［共有原驼、羊驼（小羊驼）和美洲驼（大羊驼）3 个种］和骆马属动物（共有骆马 1 个种）中布鲁氏菌病病例较少见，但具有典型症状的布鲁氏菌病暴发已有报道。

【临床症状】 现有资料表明，骆驼布鲁氏菌病多由流产布鲁氏菌（牛型布鲁氏菌）感染，其次是马尔他布鲁氏菌（羊型布鲁氏菌），只有很少的临床症状，诊断较为困难，须进行实验室诊断（图 3-173 至图 3-177）。

图 3-173　取骆驼子宫拭子一
（引自 Chimedtseren Bayasgalan，2019）

图 3-174　取骆驼子宫拭子二
（引自 Chimedtseren Bayasgalan，2019）

　　孕驼出现流产为骆驼感染布鲁氏菌病的常见症状，发病母骆驼常在妊娠后的第 7 ～ 10 个月发生流产，但并无胎衣滞留现象，流产后常伴发关节炎；公骆驼发生睾丸炎、附睾炎和运动障碍等症状。滑膜囊炎为单峰驼感染布鲁氏菌病的常见症状。

　　【血清学检测】布鲁氏菌病检测中使用最多的方法是血清学检测，目前针对布鲁氏菌病的血清学检测方法主要包括虎红平板凝集试验（RBT）、补体结合试验（CFT）和酶联免疫吸附试验（ELISA）等。RBT 是检测布鲁氏菌抗体最常用的方法之一，能够快速诊断动物布鲁氏菌病，其原理是虎红抗原能够与血清样本中的布鲁氏菌抗体结合产生凝集现象，将血清样本和虎红抗原充分混匀一段时间后，观察凝集现象并做出判别，从而完成布鲁氏菌病检测；CFT 是国际贸易指定用于牛、羊、绵羊等动物布鲁氏菌病的确诊试验，其原理是布鲁氏菌的抗原抗体反应消耗补体，从而不能使指示系统（绵羊红细胞和溶血素）产生溶血；ELISA 是将待检血清中的布鲁氏菌抗体与酶标板上固定的布鲁氏菌抗原结合，利用酶标抗体检测，然后通过底物显色，用酶标仪读值来判定结果（图 3-175 至图 3-177）。

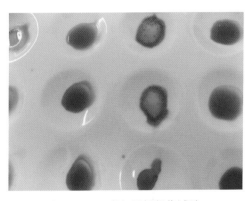

图 3-175　虎红平板凝集试验
（引自 Chimedtseren Bayasgalan，2019）

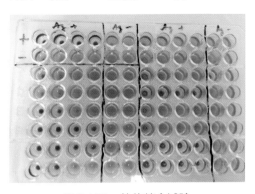

图 3-176　补体结合试验
（引自 Chimedtseren Bayasgalan，2019）

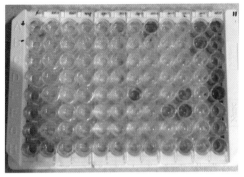

图 3-177　间接 ELISA 检测
（引自 Chimedtseren Bayasgalan，2019）

（三）结核病

【临床症状】骆驼科动物对结核分支杆菌不是特别易感。患病时临床症状存在差异，以渐进性消瘦和体重下降为主要症状，发病后可存活数月甚至数年。即使肺脏有严重病变，也无明显呼吸窘迫现象（图3-178至图3-182）。

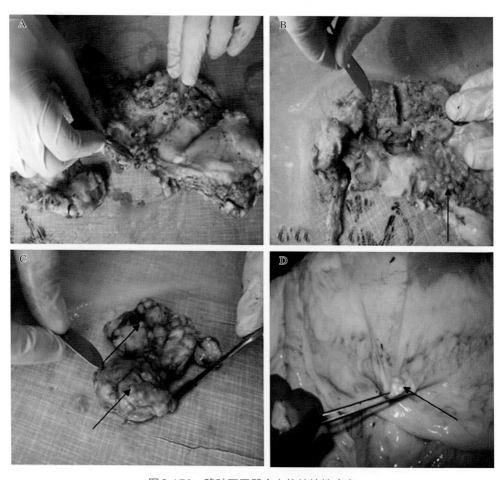

图3-178　骆驼不同器官上的结核性病变

A.肺纵隔部分弥散性和明显的结核性病变　B.纵隔淋巴结和其他部位结节的结核性病变（箭头所指）

C.肝淋巴结结核性病变（箭头所指整个淋巴结都有豌豆大小的病变）　D.肠系膜淋巴结结核性病变（箭头所指）

（引自Gezahegne Mamo 等，2011）

图3-179　公单峰驼结核病：表现有肉芽肿性胸膜炎和肺灰变
（引自殷宏等，2016）

图3-180　骆驼结核病：肺脏切面有大量形状和大小各异的干酪样肉芽肿，呈灰变
（引自殷宏等，2016）

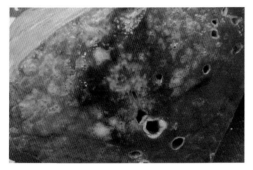

图3-181　结核病血清学阳性骆驼的肺脏切面，在肺脏中心部位有结核性肉芽肿灰变区
（引自殷宏等，2016）

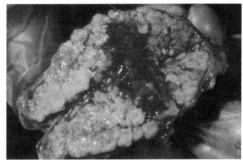

图3-182　美洲驼气管淋巴结中的干酪样结节
（引自殷宏等，2016）

　　游牧状态下的骆驼很少发生结核病。本病主要发生在与其他骆驼一起圈养或者与牛密切接触的骆驼中。

第四章 实验室检测

反刍动物经检疫怀疑患有检疫规程中规定的动物疫病，以及跨省调运种牛、奶牛、种羊、奶山羊及其精液和胚胎等均须进行实验室检测，前者按照相应动物疫病防治技术规范实施。本章重点对跨省调运须实施的动物疫病实验室检测进行解读。

第一节 检测资质

具有检测资质的实验室有省级动物疫病预防控制机构、经省级畜牧兽医主管部门授权的市（县）级动物疫病预防控制机构和经省级畜牧兽医主管部门授权的通过质量技术监督部门资质认定的第三方检测机构。

第二节 实验室检测疫病种类、方法和要求

一、实验室检测疫病种类

1.种牛 口蹄疫、布鲁氏菌病、牛结核病、副结核病、牛传染性鼻气管炎、牛病毒性腹泻/黏膜病。

2.奶牛 口蹄疫、布鲁氏菌病、牛结核病、牛传染性鼻气管炎、牛病毒性腹泻/黏膜病。

3.种羊 口蹄疫、布鲁氏菌病、蓝舌病、山羊关节炎脑炎。

4.奶山羊 口蹄疫、布鲁氏菌病。

5.精液和胚胎 检测其供体动物相关动物疫病。

二、检测方法

1.口蹄疫　按照《口蹄疫防治技术规范》(DB51/T 781—2008)、《口蹄疫诊断技术》(GB/T 18935—2018)进行病原学检测、抗体检测。

2.布鲁氏菌病　按照《家畜布鲁氏菌病防治技术规范》(DB51/T 1849—2014)、《动物布鲁氏菌病诊断技术》(GB/T 18646—2018)进行抗体检测。

3.结核病　按照《牛结核病防治技术规范》、《动物结核病诊断技术》(GB/T 18645—2020)进行抗体检测。

4.副结核病　按照《副结核病诊断技术》(NY/T 539—2017)进行抗体检测。

5.牛传染性鼻气管炎　按照《牛传染性鼻气管炎诊断技术》(NY/T 575—2019)进行抗体检测。

6.牛病毒性腹泻/黏膜病　按照《牛病毒性腹泻/黏膜病诊断技术规范》(GB/T 18637—2018)进行抗体检测。

7.蓝舌病　《蓝舌病病毒分离、鉴定及血清中和抗体检测技术》(GB/T 18089—2008)、《蓝舌病琼脂免疫扩散试验操作规程》(SN/T 1165.2—2002)进行抗原检测(表4-1)。

三、检测要求

1.检测数量　调运的所有种牛、奶牛、种羊、奶山羊每头都需要检测,即检测率达到100%。

2.检测时限

(1)病原学检测时限　口蹄疫是种牛、奶牛、种羊、奶山羊调运前3个月有效;蓝舌病是种羊调运前3个月有效。

(2)抗体检测时限　调运前1个月。

3.检测结果

(1)病原学检测结果　对疫病进行病原学检测的,抗原检测结果阴性为检测合格。

(2)抗体检测结果　对疫病进行抗体检测的,根据是否进行免疫判断抗体检测结果。未免疫的,抗体检测结果阴性为检测合格;已免疫的,抗体检测结果阳性且抗体水平达到规定的免疫合格标准为检测合格(表4-1)。

表4-1 跨省调运种用乳用动物实验室检测要求

疫病名称	病原学检测			抗体检测			备注
	检测方法	数量	时限	检测方法	数量	时限	
口蹄疫	见《口蹄疫防治技术规范》(DB51/T 781—2008)、《口蹄疫诊断技术》(GB/T 18935—2018)	100%	调运前3个月内	见《口蹄疫防治技术规范》(DB51/T 781—2008)、《口蹄疫诊断技术》(GB/T 18935—2018)	100%	调运前1个月内	抗原检测阴性，抗体检测符合规定为合格
布鲁氏菌病	无	无	无	见《家畜布鲁氏菌病防治技术规范》(DB 51/T 1849—2014)、《动物布鲁氏菌病诊断技术》(GB/T 18646—2018)	100%	调运前1个月内	免疫动物不得向非免疫区调运，且检测结果阴性为合格
结核病	无	无	无	见《牛结核病防治技术规范》、《动物结核病诊断技术》(GB/T 18645—2020)	100%	调运前1个月内	检测结果阴性为合格
副结核病	无	无	无	见《副结核病诊断技术》(NY/T 539—2017)	100%	调运前1个月内	检测结果阴性为合格
蓝舌病	见《蓝舌病病毒分离、鉴定及血清中和抗体检测技术》(GB/T 18089—2008)、《蓝舌病琼脂免疫扩散试验操作规程》(SN/T 1165.2—2002)	100%	调运前3个月内	无	无	无	抗原检测阴性为合格
牛传染性鼻气管炎	无	无	无	见《牛传染性鼻气管炎诊断技术》(NY/T 575—2019)	100%	调运前1个月内	检测结果阴性为合格
牛病毒性腹泻黏膜病	无	无	无	见《牛病毒性腹泻黏膜病诊断技术规范》(GB/T 18637—2018)	100%	调运前1个月内	检测结果阴性为合格

四、关于布鲁氏菌病的特殊说明

对于布鲁氏菌病，官方兽医在进行跨省调运种用乳用动物的产地检疫时，不仅要结合实验室检测结果，还要按照国家出台的布鲁氏菌病防治、调运相关文件政策，严格把关。

《农业部国家卫生计生委关于印发〈国家布鲁氏菌病防治计划（2016—2020年）〉的通知》（农医发〔2016〕38号）中，根据畜间和人间布鲁氏菌病发生和流行程度，综合考虑家畜流动实际情况及布鲁氏菌病防治整片推进的防控策略，农业部会同国家卫生计生委将全国划分为三类区域，对家畜布鲁氏菌病防治实行区域化管理。一类地区，人间报告发病率超过1/10万或畜间疫情未控制县数占总县数30%以上的省份，包括北京、天津、河北、山西、内蒙古、辽宁、吉林、黑龙江、山东、河南、陕西、甘肃、青海、宁夏、新疆15个省（自治区）和新疆生产建设兵团。二类地区，本地有新发人间病例且报告发病率低于或等于1/10万或畜间疫情未控制县数占总县数30%以下的省份，包括上海、江苏、浙江、安徽、福建、江西、湖北、湖南、广东、广西、重庆、四川、贵州、云南、西藏15个省（自治区）。三类地区，无本地新发人间病例和畜间疫情省份，目前有海南省。计划所指家畜为牛羊，其他易感家畜参照实施。

根据《2021年国家动物疫病强制免疫计划》，全国范围内，种畜禁止免疫；在布鲁氏菌病二类地区，原则上禁止对奶畜实施免疫；在布鲁氏菌病一类地区，各省根据评估结果，自行确定是否对奶畜免疫，确须免疫的，有关养殖场（户）可逐级报省级畜牧兽医主管部门同意后，以场群为单位采取免疫措施。

《农业部国家卫生计生委关于印发〈国家布鲁氏菌病防治计划（2016—2020年）〉的通知》（农医发〔2016〕38号）移动控制政策为，严格限制活畜从高风险地区向低风险地区流动。一类地区免疫牛羊，在免疫45天后可以凭产地检疫证明在一类地区跨省流通。其中，禁止免疫县（市、区）牛羊向非免疫县（市、区）调运，免疫县（市、区）牛羊的调运不得经过非免疫县（市、区）。二类地区免疫场群的牛羊禁止转场饲养。布鲁氏菌病无疫区牛羊凭产地检疫证明跨省流通。

官方兽医要掌握以上政策，并及时了解最新的调运要求，根据各地免疫实际情况，进行检疫出证。

参考文献

陈怀涛,2008.兽医病理学原色图谱[M].北京:中国农业出版社.

陈怀涛,贾宁,2008.羊病诊疗原色图谱[M].北京:中国农业出版社.

陈溥言,2008.兽医传染病学[M].5版.北京:中国农业出版社.

谷凤柱,沈志强,王玉茂,2019.羊病临床诊治彩色图谱[M].北京:机械工业出版社.

关冬梅,2005.家畜布氏杆菌病及其防治[M].北京:金盾出版社.

郭爱珍,2014.十大牛病诊断及防控图谱[M].北京:中国农业科学技术出版社.

韩胜兰,2010.鹿病防治大全[M].北京:中国农业出版社.

刘炜,何晓中,2019.羊病诊断防治彩色图谱[M].北京:中国农业科学技术出版社.

潘耀谦,刘兴友,2019.牛传染性疾病诊治彩色图谱[M].北京:中国农业出版社.

沃纳瑞,凯恩,舒斯特,2016.骆驼传染病[M].殷宏,贾万忠,关贵全,等译,北京:中国农业科学
    技术出版社.

中国动物疫病预防控制中心,2018.牛屠宰检验检疫图解手册[M].北京:中国农业出版社.

中国动物疫病预防控制中心,2018.羊屠宰检验检疫图解手册[M].北京:中国农业出版社.

周国桥,2019.牛病诊断与防治彩色图谱[M].北京:中国农业科学技术出版社.

Chimedtseren Bayasgalan, 2019. Epidemiology and Diagnosis of Brucellosis in Mongolian Bactrian
    Camels[D].Basel:University of Basel.

Gezahegne Mamo, Gizachew Bayleyegn, Tesfaye Sisay Tessema, Mengistu Legesse, Girmay Medhin,
    Gunnar Bjune, Fekadu Abebe, Gobena Ameni, 2011. Pathology of Camel Tuberculosis and Molecular
    Characterization of Its Causative Agents in Pastoral Regions of Ethiopia[J]. PLoS One, 6(1): e15862.

Kittelberger R, 2017. Foot-and-Mouth Disease in Red Deer-Experimental Infection and Test Methods
    Performance[J]. Transbound Emerg Dis, 64(1): 213-225.

Moniwa M, 2012. Experimental foot-and-mouth disease virus infection in white tailed deer[J]. J Comp
    Pathol, 147(2-3): 330-342.

Rhyan J, 2020. Foot-and-mouth disease in experimentally infected mule deer (odocoileus hemionus)[J].
    J Wildl Dis, 56(1): 93-104.